練好你的腰大肌

活化能量系統，讓身心靈都放鬆

The Vital Psoas Muscle

喬安·史道格瓊斯 Jo Ann Staugaard-Jones／著

王念慈／譯

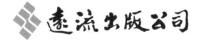

遠流出版公司

目錄
Contents

前言

本書的誕生，是為了說明人體中這唯一連結上半身與下半身的肌肉。事實上，許多人都不知道腰大肌的重要性。

在教授和研究腰大肌時，我開始以人體運動學的視野一腳踏進這場涵蓋身體活動、能量流轉和本體感覺的旅程，而這段旅途也讓我的態度變得謙卑。

身體上：身為一位運動學專家，我在最近這幾年的文獻記載中發現腰大肌在身體活動時所扮演的角色和運作機制。有名望的腰大肌專家們也不斷更新與之相關的資訊，好剖析出腰大肌在人體中所參與的一切。這些研究結果若以一言蔽之，那便是：腰大肌是一條功能複雜的肌肉。現在除非是以髂腰肌肌群的形式提到腰大肌，否則我不會再說腰大肌是髖骨屈曲的重要作用肌，因為在很多動作中，其實髂腰肌肌群才是比較有力量的屈肌。當然腰椎處還有其他更有力量的屈肌，其中又以腹直肌為主。腰大肌在做為腰椎和髖部的穩定肌，以及上下半身之間的連結肌這兩方面上，有更大的功能性和重要性，只不過它穩定功能的發揮仍需依動作的姿勢而定。

情緒上：在心理與情感連結的部分，腰大肌與神經系統之間有令人難以置信卻千真萬確的關聯性。一直以來，我都試著以淺顯易懂的方式將這項事實傳遞給大眾。

心靈上：心靈能量的知識，大部分都是透過古老的文本，以及探討昆達利尼瑜珈與冥想的學理來做檢視。由於腰大肌位在身體的中心深層位置，同時和身體的其他結構間有所連結，因此它在這塊領域中所扮演的角色舉足輕重。儘管人體的「靈性」部分被認為和身體結構無關，但是它倆之間的確是有所關聯。因為如果一個人沒有了呼吸、身體也無法動彈的話，那麼體內的能量該如何流轉呢？我們的靈性需要身體感知能力的參與。如同宇宙萬物間環環相扣，身心之間也是如此，我們都是不斷在成長的生命體。

了解如何使用我們的腰大肌，並照顧好它，是很重要的事情。每一個人使用腰大肌的方式不盡相同，但是絕大多數的人都用了錯誤的方式。在很多狀況下，腰大肌成了無辜的罪人，本書中將會提到一些這類例子。要找到一位能夠診斷且治癒腰大肌問題的專科醫師並不容易，而且這段治療的過程也可能會令人灰心喪志。不過，一旦你恢復了腰大肌原本的元氣，這一切的辛苦都會是值得的。

這些年來，我發現在許多案例中，全面性地強化和伸展身體肌肉對腰大肌有更直接的幫助。這是因為腰大肌不僅被錯誤使用，它還被過度使用。一旦釋放了腰大肌的壓力，它就可以有效地運作。我很喜歡傑出腰大肌專家利茲·科赫（Liz Koch）用來形容腰大肌的一句話：「滑嫩、靈活、柔軟」。只要遵循這個原則，你將能擁有一副對身體狀態影響重大的健康腰大肌。

喬安·史道格瓊斯（Jo Ann Staugaard-Jones）
movetolive.joannjones@gmail.com

第一部分：
解剖學的序幕

本書試圖解析一條重要的肌肉。我們身體核心區域的脊椎是由一群肌肉所纏繞包覆，這些肌肉可以幫助脊椎保持平衡。腰大肌（psoas major）是其中之一，它在腹直肌（rectus abdominis）、腹斜肌（obliques）、腹橫肌（transversus abdominis）、背闊肌（latissimus）、豎脊肌（erector spinae）、腰方肌（quadratus lumborum）和背部深層肌肉的幫助下，穩定脊椎的下半部。在髂股關節（iliofemoral joint）處，腰大肌也是髂腰肌肌肉群的一部分，它與股直肌（rectusfemoris）、縫匠肌（sartorius）、恥骨肌（pectineus）和闊筋膜張肌（tensor fasciae）互相配合，使髖關節能夠屈曲。有了這些肌肉的幫忙，腰大肌得以發揮它最重要的功能：整體性的連結。

現在要進行核心健身，一定要記住，所有核心肌肉群必須協調、相輔相成，不應該只鍛鍊單一肌肉。許多健身教練打著「強化腰力」的口號，他們大多是著重在鍛鍊深層的腹橫肌。但是有一件事我們必須了解，我們不能過度讓腹部凹陷或壓平背部。脊椎的最佳狀態是自然彎曲，脊椎原本的曲線可以平衡肌肉，讓肌肉能夠柔軟輕鬆地完成動作。

有了這個概念之後，我們就可以開始來談談本書解剖學的部分。

第一章
腰肌的解剖學和
生物力學

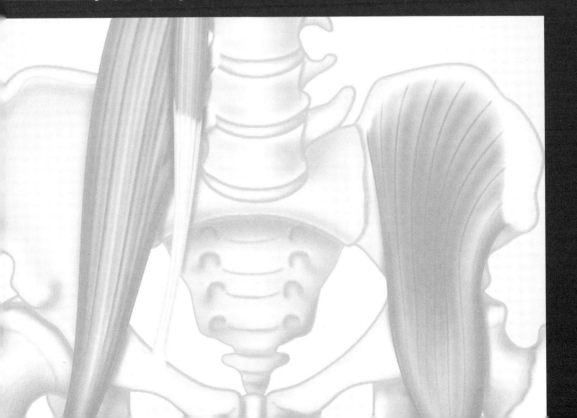

髂腰肌肌肉群：位置與作用

腰大肌位於髖骨關節前側的深處和脊椎的下半部,有時也被稱作「有力的腰肌」(mighty　psoas)。它是人體最重要的骨骼肌,同時也是一條非常重要的姿勢肌,因為它是唯一一條連接上半身和下半身的肌肉(脊椎到腿部),並且掌控髂股關節和腰椎的穩定和活動。這條肌肉的位置也靠近身體的核心,所以它同時具有維持身體平衡與影響神經、能量系統的功能。

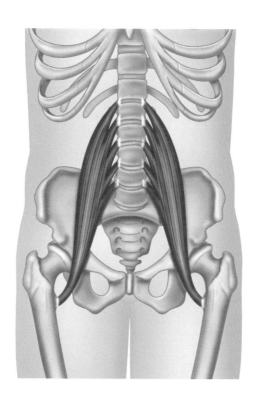

圖1.1 腰大肌

腰大肌是由一條大肌肉和小肌肉所組成,並且主要在腰椎產生協同作用。它們之間的差異是末梢附著點不同:大肌肉連接股骨和脊椎(上半身到下半身);小肌肉則連接骨盆和脊椎。有人說小肌肉將會消失,因為它僅對過去以四隻腳行走的人類很重要,現在它的重要性已經不再。它同時也是一條活動力很弱的作用肌。事實上,某些人只有一側有小肌肉,或甚至完全沒有小肌肉。當我們說「腰肌」(psoas)這個名詞時,通常是指腰大肌,或是包含腰大肌和腰小肌的肌肉群。

這兩條腰肌都是髂腰肌（iliopsoas）肌肉群的一部分，這個肌群也包含髂大肌。當此肌肉群收縮時，髖關節就會屈曲，是髖關節最深層、最有力的屈肌肌肉群。髂肌附著在股骨到骨盆的髂骨，而腰大肌的末梢附著在股骨上，靠近身體中心一側則是經過骨盆，附著在第一到第五腰椎的位置，有時候則在第十二胸椎上。

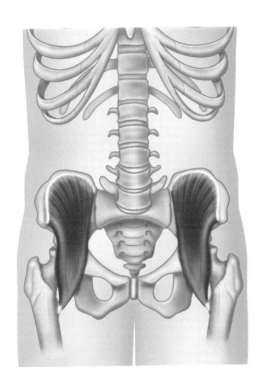

圖1.2 髂肌

髂肌還能夠和其他髖關節屈肌一起，像是股直肌，幫助骨盆向前傾斜。這樣的前傾會導致腰椎前凸（脊椎的前側曲線），所以腰肌必須有力又柔軟，才能夠避免這段脊椎過度前曲或「擺動」，也就是最常見的不良姿勢之一。腹肌（特別是腹直肌）和脊椎的伸肌也能幫忙對抗這個狀況。在腰彎曲和伸展時，腰肌成為自己的拮抗肌，穩定腰部。

除了有其他肌肉一起使骨盆保持在中心位置外，維持脊椎曲線的自然弧
度也是讓腰肌能完成許多任務而不會疲勞的關鍵。

研究發現，腰肌肌肉群在腰椎周圍和下橫棘肌肌肉群形成肌束（見圖1.5），得以幫
助拉直下脊椎，同時其他肌纖維可以使這個區域收縮。不論是哪種方式，腰肌作為
一個核心肌肉，它是使身體能夠產生動作的力量。我們在活動，或甚至是站立時，
它都非常重要，因為我們需要將軀幹的重量轉移至腿部和足部，此時腰肌幫助脊
椎、骨盆和股骨相輔相成。

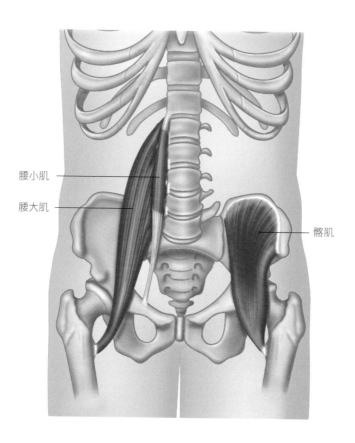

腰小肌

腰大肌

髂肌

圖1.3 髂腰肌肌肉群。想像身體兩側有對稱的肌肉結構，以了解這個肌肉群的全貌。

髂腰肌的這三條深層肌肉強而有力，能和其他前側髖關節肌肉一起帶動大腿（髖關節的屈曲）向前活動。將骨盆固定不動，你可以藉由將腿向前抬起來，也就是V字型的坐姿，找到腰大肌的位置。這個姿勢會讓腰大肌強力地支撐住腰椎，同時部分作用在髖關節，以幫助腿部對抗地心引力。

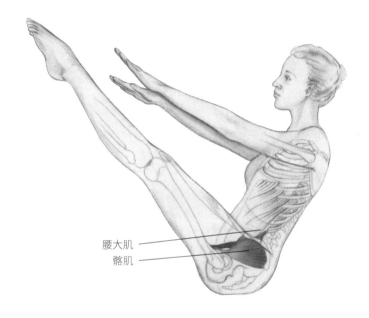

腰大肌

髂肌

圖1.4 V字型坐姿，找到腰大肌的位置

就像許多脊肌一樣，腰肌也能幫助下半部脊椎側向彎曲（右側腰肌收縮會使脊椎向右彎曲）和對側旋轉（右側腰肌收縮會使身體向左側旋轉）。相較於腰肌的其他作用，這些動作收縮力量較小。

鄰近腰大肌的其它結構

腰大肌和許多其他重要的肌肉一起合作產生、穩定許多動作，這些過程將在本書中仔細地介紹。這個章節將討論支持下半部脊椎伸肌的肌肉群。

橫棘肌肌肉群是背部深層肌肉的一部分，特別是其中的半棘肌、多裂肌和迴旋肌。最後兩種肌肉會與腰大肌在下半部的脊椎形成肌束，幫助拉直脊椎，這個作用聽起來可能和腰大肌彎曲腰椎的作用相牴觸。湯瑪士·邁爾斯（Thomas Myers）在《解剖列車》（Anatomy Trains）一書中解釋，腰肌上部和前側的肌纖維可以幫助腰部彎曲，而下部和內側的肌纖維則可以幫助腰部伸展。但是其他科學家卻持相反的意見。儘管此論調尚未有定論，但是必須謹記，腰肌在拉直脊椎的動作中主要是扮演穩定者的角色，而非作用者。

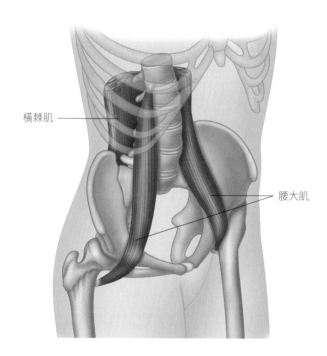

橫棘肌

腰大肌

圖1.5 背部深層肌肉和腰大肌的關係

想要觸摸腰肌部位時,必須要由肚臍下方約三吋的位置開始,接著到腹部、一些器官和其他肌肉(幾乎不可能)。腰大肌位在身體的核心肌群,下半部脊椎的兩側各有一條。它是一條很難觸及的肌肉,因為它鄰近臟器、動脈和神經。這條肌肉使骨盆和股骨頸與上股骨內側的小轉子相互連結。它在腹股溝韌帶後方,腹股溝韌帶位在骨盆的髂骨前上棘到恥結之間,這兩個部位皆位於骨盆前方的突起處,能夠輕易找到。當我們將大腿向前舉起,並按壓髂骨前上棘下側的邊緣時,即可感受到髖部的屈肌收縮。

如前所述,腰肌位在身體的核心位置,故臟器也和腰肌有所關聯。腎臟、輸尿管和腎上腺是身體中段非常重要的臟器,在治療腰肌期間必須特別注意。

就像其他肌肉一樣,腰肌的表面也被筋膜(fascia)所包覆。筋膜是包覆在肌肉周圍、區隔肌肉的結締組織。腰部筋膜(Lumbar fascia),又稱作腰部腱膜(lumbar aponeurosis),與腰肌筋膜一起由第一腰椎向薦骨(sacrum)延伸,範圍自髂骨脊(crest of the ilium)至腰方肌和髂肌。接著髂骨筋膜連結並包覆腰小肌(如果存在)肌腱和腹股溝韌帶。在接近大腿的部位,腰肌和髂肌筋膜會形成一個獨特的結構,稱作髂恥筋膜(iliopectineal fascia)。髂恥筋膜經過股血管後方,而腰部神經叢的分支又在其後方,使此區域極為細緻複雜。

在髖關節處有一個大滑液囊(充滿液體的囊袋,具有緩衝的作用),通常這個滑液囊會將腰大肌肌腱與關節囊和恥骨分離。

對腿、骨盆和軀幹而言,腰肌的位置最為重要。它就像身體的結構導管,當肌纖維向下延伸時,引導著脊椎的支撐力量。然而,當這些肌纖維再回到靠近大腿的部位時,會使腰大肌變成一個梭狀肌。它是一條紡錘狀的肌肉,中間比較寬,兩端比較細長,和肱二頭肌的形狀類似,看起來像一個瘦長的梯形,但若以立體的角度觀察,它呈現輕微的螺旋狀。

懸吊在軀幹至腿部間的腰肌有助於脊椎傳導動作,並可幫助我們在活動,將軀幹的重量轉移至大腿。如果身體兩側的腰肌不協調,可以想像這對我們走路的姿態和步伐會有多大影響。假如我們兩側的腰肌都是健康的,那麼身體系統內的能量流轉和活動就會保持在一個穩定的狀態。

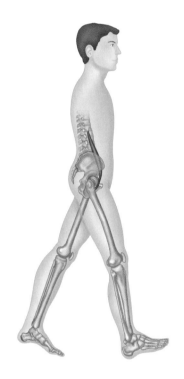

圖 1.6 行走時，腰肌對平衡的幫助

腰肌的主要作用

腰肌是一核心肌肉，在股骨和大腿肌肉之間扮演著重要的角色，它是它們之間的一座拱柱。這個重要的結構概念在骨盆和腿部間也顯而易見，它支持身體的方式就像建築結構裡的飛拱一般。腰肌垂直地由脊椎行至腰部，並斜斜地穿過骨盆。當骨骼肌不只行經一個關節，它就稱為雙關節肌（bi-articulate），也就是可以操控兩個關節的肌肉。這是最重要的概念，但腰肌的另一個功能也很有趣：支架，它會與骨盆一起支撐內部的臟器和骨盆底。

因此，腰肌的任何作用力（肌肉的收縮）都可以刺激並按摩臟器，像是小腸、腎臟、肝臟、脾臟、胰臟、膀胱和胃等等，甚至連生殖器官都會受到影響。臟器傳導到腦部的信息被稱作「內臟訊息」。由於腰肌鄰近主要臟器，所以它會對這些刺激產生反應。

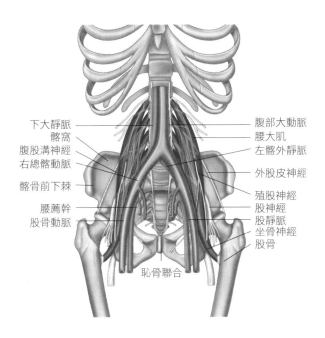

下大靜脈
髂窩
腹股溝神經
右總髂動脈

髂骨前下棘

腰薦幹
股骨動脈

腹部大動脈
腰大肌
左髂外靜脈

外股皮神經

殖股神經
股神經
股靜脈
坐骨神經
股骨

恥骨聯合

圖 1.7 腰肌附近的神經（腰部神經群）和動脈

腰肌也會影響神經支配，尤其是經過它的腰部神經群（lumbar nerve complex）。主動脈（最大的動脈）所處位置與腰肌類似，所以身體的循環和節律也和腰肌密切相關。另一項值得注意的事情是，腰肌和橫膈肌，也就是最主要的呼吸肌肉，兩者匯聚在同一點——太陽神經叢（solar plexus）。這個神經叢和臟器、骨骼或是肌肉不同，它不是一個實質的生理部位，它主要分布在胃部後方，並匯聚於脊椎附近的主動脈與橫膈肌前方，涵蓋了一個神經系統。太陽神經叢和古老的脈輪系統（chakra system）有關，本書第三部分將更深入討論這個主題。

所以腰肌如此獨特也就不足為奇了。它在不同的病症和動作中曾被形容作「潛伏的搗蛋鬼」、「完美的偽裝者」、「指揮家」和「戰鬥或逃跑的肌肉」等。我最棒的物理治療師，蓋理博士，則將它稱之為「前面的屁股」。多麼了不起的身分！

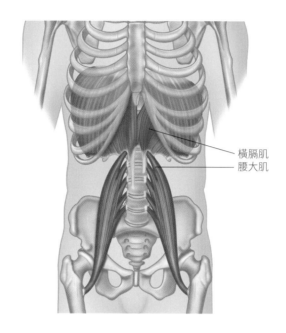

橫膈肌
腰大肌

圖1.8 腰肌和橫膈肌匯集到太陽神經叢

腰肌能夠：

· 平衡身體的核心
· 刺激臟器和神經
· 像其它肌肉一樣收縮、放鬆、穩定、緩衝和退化
· 連結上半身和下半身
· 產生動作和轉移身體的重量

只要它處在放鬆（非緊繃或僵硬）和健康的狀態，它還能夠勝任許多不同的工作。接下來的章節將說明如何透過各種類型的運動來保持肌肉協調，並探討它在人類情緒和心靈狀態中所扮演的角色。

> 腰肌會影響全身。

第二章
維持健康的腰肌

第一章已經確立了腰大肌扮演的許多角色。它位在核心位置，而多數的肌肉過勞也是肇因於此。這裡要再次提醒，其他肌肉必須強壯且富有彈性，才能夠讓腰肌維持健康、勝任工作。這些肌肉包括腹部、脊椎的伸肌和其後側拮抗肌，例如臀大肌。任何可以幫助骨盆保持在中心平衡位置的肌肉，像是腰方肌和深層迴旋肌（rotators），都有助於減輕腰肌在連接軀幹和腿部時的負擔，專心扮演傳訊者的角色。接下來所介紹的運動能夠幫助你恢復腰肌的活力。

「讓腰肌休息一下」的運動：
適合每個人的建設性放鬆姿勢（Constructive Rest Position；CRP）

這套系統是二十世紀初，由梅貝爾・托德（Mabel Todd）在波士頓所發展出來的，之後在紐約市被作為取代嚴格軍事體能教育的方案。她把這個方法稱作自然姿勢。她的概念後來被稱為意象促動法（Ideokinesis），一種透過想像來增強肌肉協調的運動方式，不僅創新還很科學，以機能解剖學為基礎，發展出一套讓人放鬆的動作，而且這個概念已經被許多名校所接受，像是哥倫比亞大學、紐約大學和茱麗亞音樂學院。

在1920年代晚期，露露・斯威歌德（Lulu Sweigard）將這種運動命名為建設性放鬆姿勢，她本來是托德的學生，後來成為她的同事。其他學生則成為意象促動法領域的知名老師，像是芭芭拉・克拉克（Barbara Clark）、莎莉・斯威夫特（Sally Swift）和稍晚的艾琳・多德（Irene Dowd）。除此之外，全世界的人都已經開始研習這項理論，並欣然接受其能讓身體以更自然的方式，從錯誤體能活動造成的傷害中復原。當約瑟夫・皮拉提斯（Joseph Pilates）搬到紐約，開始和歌者與舞蹈家共事後，他也注意到這個概念。

今天這個姿勢被廣泛運用，幾乎每一位專業的舞者和肢體工作者都蒙受其惠。筆者在幾年前於紐約大學習得水平仰臥的建設性放鬆姿勢，至今仍利用它減緩腹部、子宮痙攣或放鬆肌肉，尤其是腰肌。它是一個放鬆肌肉的好方法，因為它讓身體的骨骼（和重心）以放鬆的狀態自然活動。

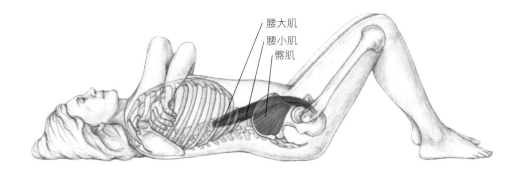

腰大肌
腰小肌
髂肌

圖2.1 建設性放鬆姿勢

方法：首先，仰臥在一個穩固平坦的地方。屈膝，腳板平貼地面，雙腳距離與臀部同寬。頭部可以稍加支撐，使它和脊椎保持在同一條直線上。

> 股骨將輕柔地滑至髖臼中，這可以釋放髖部屈肌的「緊繃感」。脊椎會呈現它原本的自然曲線。以上皆可以放鬆腰肌。

雙臂的手肘在胸前交疊，但如果這個動作會讓你感到不適，你也可以讓雙臂輕鬆放在地上就好。記得，這個姿勢是為了讓你感到放鬆！接著進行以下步驟：

1. 閉上雙眼，並在腦中假想脊椎完整延伸的畫面。
2. 想像有一股能量向下流經脊椎，然後在流至雙腿後，往上回流至身體前側，並重新流回脊椎。
3. 這是一股循環的能量，當它向下流至脊椎時，吸氣；當它流至身體前側時，吐氣。能量就像一條可以上下拉動的外套拉鍊，在身體裡流動。
4. 你會覺得頭部的重量和脊椎保持在同一條自然曲線上。
5. 放鬆身心，並在沒有使用任何肌肉的情況下，讓脊椎骨和髖骨支持身體。
6. 想像膝蓋好像垂掛在一個具有向上拉力的衣架上，而大腿和小腿分別垂掛在衣架的兩側。

7.　把精神注意力轉移至大腿，並想像有一股水流由膝蓋向下流至髖臼，放鬆了大腿的肌肉。

8.　想像有另一股水流，緩緩地由膝蓋流淌至小腿和腳踝。

9.　你會感到你的足部和雙眼彷彿在一池涼水中放鬆。

10. 不斷重複這整套冥想，至少十分鐘，整個過程輕緩柔和。結束後，不要急著直接坐起來，要先將身體轉為側躺，再緩緩轉為坐姿，如此一來才不會破壞剛剛調整好的身體狀態。

若有人在一旁為你緩慢唸出冥想的步驟，將有助於引導你完成整套動作。此動作可以放鬆髖部，雖然髖部呈現屈曲的狀態，但是它不會造成明顯的抗力，腰肌是處在休息的狀態，所以任何人、任何時間都可以做，讓腰肌放鬆。當你第一次練習這套技巧時，可能會有生理上的不適或甚至情緒上的反應（見本書第二部分）。

> 在建設性放鬆姿勢中，身體會全然感受到重力作用。但是不要對抗它，讓身體隨著它重新調整到自然的位置和姿勢。

還有另一個姿勢也可以非常有效地放鬆腰肌，名為「艾格斯丘方法」，它是由皮特·艾格斯丘（Pete Egoscue）所設計的一套運動，可以改善慢性的關節疼痛。它的原理和建設性放鬆姿勢類似，執行者平躺在地上，單腳或雙腳的小腿放置在一塊墊子或支撐物上。支撐物的高度必須和股骨的長度一樣，支撐小腿的重量，並使股骨能夠直接滑入髖臼，因而放鬆腰肌和其他位在髖部與脊椎附近的肌肉。盡可能保持這個姿勢，直到肌肉達到想要的放鬆狀態。如果沒有支撐物可以使用，可以將雙足倚靠在牆面，與髖部同寬，膝蓋彎曲，讓臀部和膝蓋兩者處在同一條垂直線上。在不會過度使用腰肌的情況下，你可以再加入仰臥起坐的動作。

感受「核心肌群」：穩定骨盆操（pelvic stability exercise），Level I

想要了解並親身感受穩定骨盆的概念，可以試著做下列運動：

1.　**深呼吸**：仰躺並屈膝，雙足平貼地面與髖部同寬，雙手置於髖骨上，確認兩側髖骨對稱。自然但深層地呼吸，呼氣時配合腹橫肌的強力收縮——你會在呼氣時

感到腰部彷彿被束上腰帶。至少這樣做五次完整的呼吸，讓骨盆保持在穩定的狀態。

2.　**骨盆傾斜運動**：維持和上述相同的姿勢，但雙手平放在身體兩側。在吸氣時讓骨盆前傾；尾椎骨保持平貼地面，但前側髖骨（髂骨前上棘）向上推舉。吐氣，骨盆向後傾，肚臍會到平面位置。緩慢地重複五次這套動作，然後回復到一般的姿勢，讓脊椎呈現自然的曲線。尾椎，非下背部，會平貼於地面，而骨盆則會保持在中心位置。

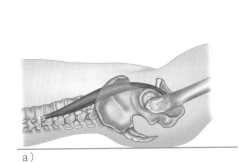

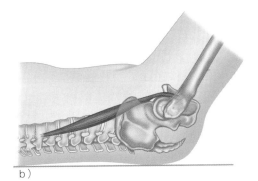

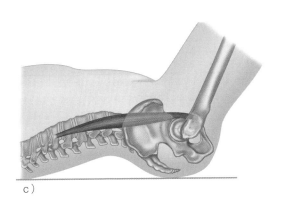

圖 2.2 骨盆傾斜運動；a） 自然的脊椎曲線 b） 骨盆後傾的脊椎曲線 c） 骨盆前傾的脊椎曲線

3. **骨盆旋轉操**：呈現和運動1相同的仰躺姿勢，並將雙臂置於兩側。臀部抬離地面兩吋左右，雙足像是要壓入地面般。試著做這三個動作：

　　a 將髖部輪流向兩側左右擺動，共六次。

　　b 轉動（旋轉）兩側髖部關節，共六次。

　　c 用臀部畫「8」字形，共六次。

結束後，緩緩將脊椎下半部重新平放於地面，同時讓骨盆以自然的姿勢休息。做這個運動可以讓你知道核心肌群的所在位置。

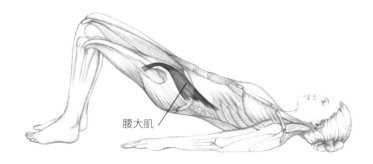

腰大肌

圖 2.3 骨盆旋轉操

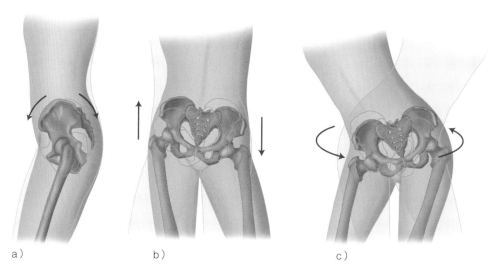

a）　　　　　　　　b）　　　　　　　　c）

圖2.4 骨盆可以在三個不同的平面中活動；
　　a）矢狀面（平面一）b）額狀面（平面二）c）水平面（平面三）。

平面一

在矢狀面（sagittal plane）中，骨盆可以前後活動，而這個動作通常稱為骨盆傾斜運動（見圖 2.2）。當雙手置於髖骨前方時，可以感受到髂骨前上棘的位置，利用它作為基準點，將骨盆前後移動。骨盆前傾可以讓腰椎高度伸展，並且使臀部肌肉收縮；骨盆後傾則會彎曲腰椎，並運用到腰肌和腹肌。

平面二

在額狀面（frontal plane）中，骨盆可以向身體側邊或中心活動，就像是要把一側「髖部往上拉」一樣。腰椎也會同時側向移動，而髖關節則會外展或內縮。

平面三

在水平面上，骨盆可以在薦髂關節（sacroiliac joints）、腰部關節和髖關節肌肉的幫助下，向內側或外側旋轉，雖然它旋轉的幅度非常有限，僅類似「扭轉」。

這些運動可以讓骨盆活動，卻不致於讓它伸展過度。如果某些關節的韌帶因為過度伸展導致過鬆，像是薦髂關節，除了疼痛之外，還甚至會發展為慢性的下背痛。當韌帶伸展過度，它們就無法保有原本支持關節的強韌度，此時肌腱就必須超時工作，才能讓關節保持在穩定的狀態。同樣地，腰肌也會為了彌補薦髂關節的問題而過度工作。

更進一步解釋，骨盆腔有兩個重要的關節：薦髂和髂股（常見的髖部關節）關節。薦髂關節是活動度最小的關節，由薦骨和髂骨所組成。它被視為是一種滑動關節，在分娩時，其活動度幅度會增加。

有許多強而有力的韌帶將髂骨和薦骨連結在一起。因此，許多婦女在分娩後，會由於韌帶鬆脫，而產生薦髂關節位移的症狀。薦髂關節位移會造成下背部的不適感，我們可以透過一些肌力訓練來改善。第26頁所介紹的深蹲運動（squat exercise）非常適合強化這個部位的肌肉力量，它同時還要配合髖部向外旋轉的動作。芭蕾的深膝蹲（grand plies）也很有幫助。

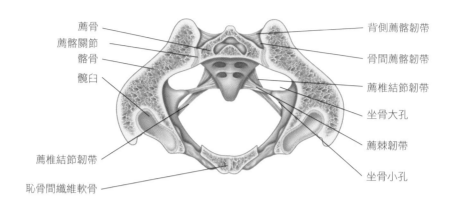

薦骨
薦髂關節
髂骨
髖臼
薦椎結節韌帶
恥骨間纖維軟骨

背側薦髂韌帶
骨間薦髂韌帶
薦椎結節韌帶
坐骨大孔
薦棘韌帶
坐骨小孔

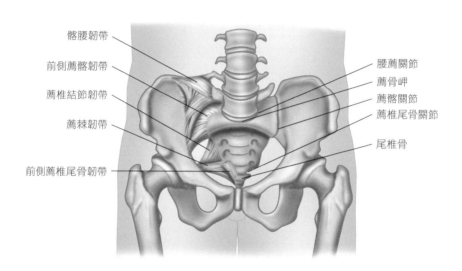

髂腰韌帶
前側薦髂韌帶
薦椎結節韌帶
薦棘韌帶
前側薦椎尾骨韌帶

腰薦關節
薦骨岬
薦髂關節
薦椎尾骨關節
尾椎骨

圖2.5 薦髂關節；a）骨盆腔的橫切面 b）骨盆韌帶

髖部的六條深層迴旋肌都是小肌肉，由於它們行經薦骨、骨盆至股骨，所以它們可以有效地幫助薦髂關節保持穩定性。這六條肌肉包括：梨狀肌（piriformis）、兩條孖肌（gemellus）、兩條閉孔肌（obturator）和股方肌（quadratus femoris）。參照圖2.6並注意坐骨神經的位置位在梨狀肌後方，如果梨狀肌過度收縮，將會壓迫到神經，這是造成「坐骨神經痛」的一大主因。第29頁的薦髂關節伸展動作可以減緩這股壓力。

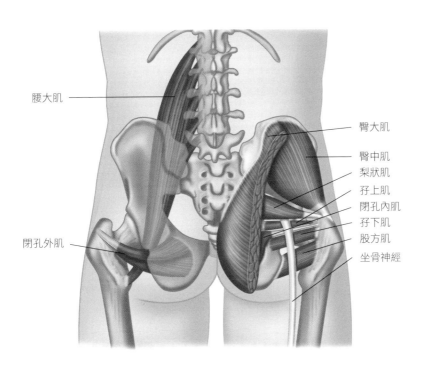

圖 2.6 六條深層外旋肌

薦髂關節運動

這些運動可以正確地活動到腹肌、豎脊肌、臀大肌和髖部的深層外旋肌，並幫助薦髂關節保持一定的強韌度和靈活性，就像腰大肌一樣。可以搭配穩定骨盆操一起做。

1. **深蹲（Level I/II）**：多數的人不認為它是一個強化薦髂關節的運動，但只要正確、適度，深蹲可以有效增加骨盆、核心和髖部肌力的強度，對薦髂關節和腰肌發揮保護作用。

方法：
   a. 首先站在一面鏡子前，身後放置一張椅子。
   b. 雙手抓握一根輕量棍棒或一條毛巾，將其高舉過頭，並避免聳肩。這個動作可以讓背闊肌、筋膜和肋骨朝骨盆的反方向伸展。
   c. 屈膝至蹲坐姿勢，此時會使用到腹肌、豎脊肌等肌群。
   d. 讓臀部保持在接近座墊上方的高度，髖部關節呈彎曲狀態，抬頭挺胸。做這個動作時，如果能讓大腿和地面平行，將可以發揮最大的功效。
   e. 維持這個坐姿10到20秒鐘。它可以鍛鍊你的臀大肌以及核心肌群。

重複這個動作5到10次，每個重複間，要讓身體向上伸展延伸，使髖部肌肉能夠放鬆。當伸展時，千萬別忘記運用你的核心肌群和臀大肌，並避免過度伸展下背部。

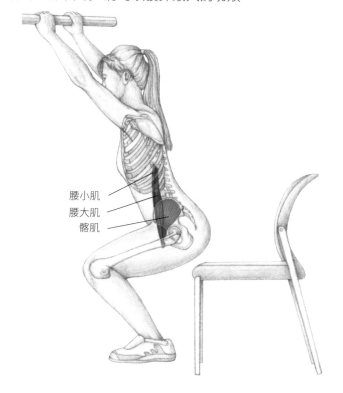

腰小肌
腰大肌
髂肌

圖2.7 深蹲

2. **脊椎扭轉式**（Level 1）：當臀大肌也需要鍛鍊時，站立式的脊椎扭轉式是最有效的扭轉運動。

方法：站直，雙腿與髖部等寬。保持骨盆面向前方，並將上半部脊柱（胸椎和頸椎）轉向右側，此時會感到核心肌群緊繃（不要過度），臀大肌亦會受到擠壓。維持扭轉動作，拉長脊柱並深呼吸。輕微地扭轉髖部，這樣可以保護下脊部、薦髂關節和腰肌。接著換另一側。

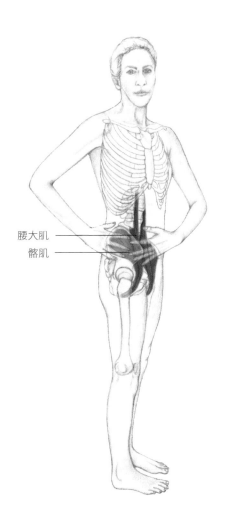

腰大肌
髂肌

圖2.8 脊椎扭轉式

3. 四足跪姿平衡式（Level I/II）

方法：雙膝跪於地面，上半身往前傾，將雙手打直支撐於地面。此時的姿勢就像一張四柱的桌子，確認你的雙手與肩膀在同一條垂直線上，膝蓋與髖部亦然。

Level I：將一隻腳向後平舉伸展，並讓與腳異側的手臂向前伸展。同時，運用核心肌群，讓骨盆保持在中心位置。

Level II：與上述姿勢相同，但是此時以同側的手臂和膝蓋支撐身體。由於支撐面積變小，所以平衡的難度將會增加。保持這個姿勢10到20秒鐘。完成後，臀部放鬆，向後腳跟方向跪坐。

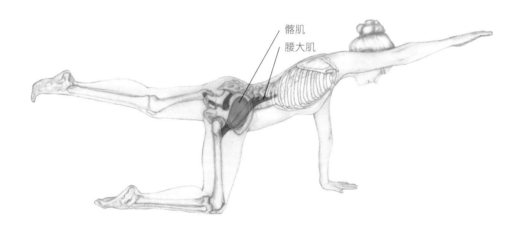

髂肌
腰大肌

圖 2.9 四足跪姿平衡式

4. **薦髂關節伸展式**（Level 1）：如果薦髂關節附近的肌肉太過緊繃，可以藉由以下動作伸展。這個動作也會伸展到上部腰肌，並使腰肌的末稍放鬆。對髂脛束和臀小肌而言，它也是很好的伸展動作。

方法：仰躺，雙腳伸直，雙臂張開。將一側膝蓋朝胸部的方向彎曲，並使它倒向對側地面，這個動作讓髖部得以伸展。保持肩膀平貼於地面，但避免過度緊繃。輕鬆地呼吸，視能力所及扭轉身體。接著換另一隻腳。

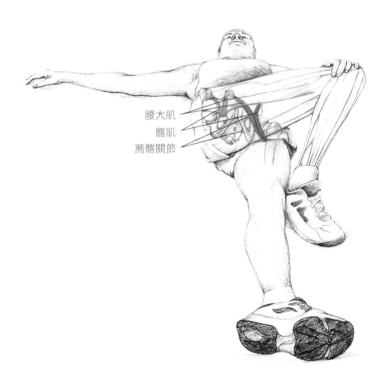

腰大肌
髂肌
薦髂關節

圖2.10 薦髂關節伸展式

尋找平衡感：直立式穩定性訓練

腰肌就像鐘擺一樣，它讓笨重的雙腳能夠以脊椎為中心，輕鬆地向前行走，因此，讓骨盆保持在中心位置就至關重要。當然，骨盆可以輕微地活動，但是當動作進行時，它仍會保持在中心位置。骨盆是對稱的，薦骨位在其中央，兩側骨盆必須相互平衡。維持身體穩定性的主要肌群，像是腰方肌和腹橫肌，可以讓骨盆保持在中心位置，並讓腰肌輕鬆地協助轉移身體活動時的重心。

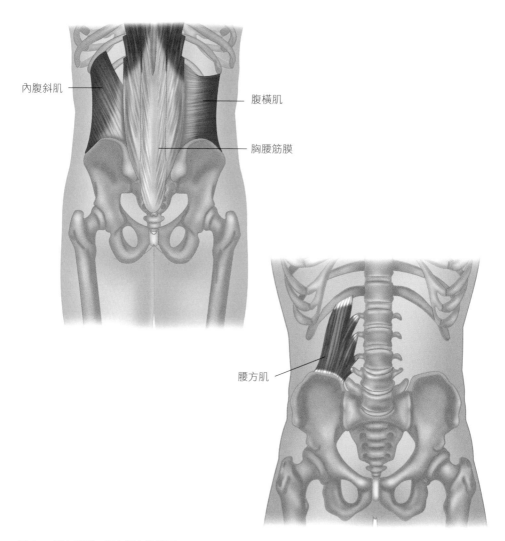

內腹斜肌

腹橫肌

胸腰筋膜

腰方肌

圖 2.11 穩定肌群：腰方肌和腹橫肌

1. **走路時不要扭腰擺臀**（Level I）：行走時讓骨盆保持在中心位置，並讓雙腳自在地活動，否則將會過度使用腰肌。此外，當左右腳交替前進時，骨盆應該只會呈現小幅度地擺動。

2. **單腳平衡**（Level II）：這個訓練項目有許多動作可供選擇，你可以嘗試以下：

   a. 芭蕾扶桿運動，例如單足踮立式（passé position）

方法：以單腳站立，並讓另一隻腳呈現單足踮立的姿勢（彎曲膝蓋，將足尖點在支撐腿的膝蓋內側），保持髖部在水平狀態。這個動作可以鍛鍊身體的平衡感，並強化腿部和核心肌群。如果想要增加訓練的強度，可以手扶芭蕾扶桿或牆面，讓支撐腿做出下蹲和踮立的動作（屈膝，然後以足部的蹠骨部位踮立）。

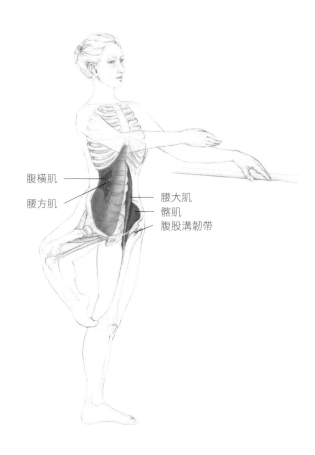

腹橫肌
腰方肌
腰大肌
髂肌
腹股溝韌帶

圖2.12 以芭蕾扶桿輔助的站立姿勢，可以鍛鍊平衡感、支撐力和重新調整身體的姿勢。

b. 瑜珈動作，例如樹式（Tree pose）。

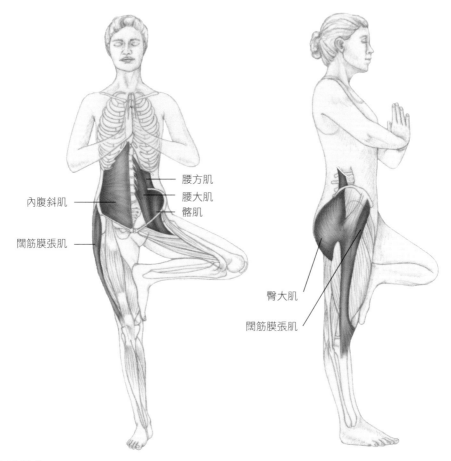

圖2.13 樹式

在每一個單腳站立的運動中，都要讓骨盆保持在中心位置，並且注意抬腳的幅度皆不會改變髖部原本的水平狀態。伸展脊椎，尾骨往下，拉提腹部，不要聳肩，胸部放鬆。這個運動可以矯正多數姿勢不正的問題。對著鏡子做，隨時調整姿勢。支撐側的肌肉等長收縮、強化，非支撐側的肌肉則除了強化之外，還得以伸展。腰肌對兩側肌肉的作用不同，所以保持骨盆的平衡將有助於穩定、強化和/或伸展肌肉。

增進骨盆底的功能：彈力球和凱格爾運動 （Balls and the Kegel）

骨盆底是由一群深層肌肉所組成，位在脊椎的末端，這些肌群包含括約肌（sphincter）、球海綿體肌（bulbospongiosus）和會陰肌，而在這些肌群四周有一層薄膜，這層薄膜被稱作泌尿生殖器隔膜（urogenital diaphragm）。這些肌肉在呼吸、性交和分娩時扮演重要角色，同時和腰肌一樣，感覺神經的末梢也會匯集到這個中樞。當此區域受到刺激或強化，我們的身體能量、感知能力和情緒，以及膀胱、腎臟等內臟器官都會受到影響。

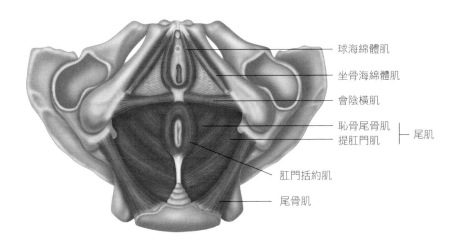

球海綿體肌
坐骨海綿體肌
會陰橫肌
恥骨尾骨肌 ┐
提肛門肌 ┘ 尾肌
肛門括約肌
尾骨肌

圖2.14 骨盆底肌肉群

你可以藉由下列運動適當鍛練此區域的肌群：

1. **彈力球運動（Level I）：這是一個非常適合久坐之後做的運動！**
   a. 躺下，將小型彈力球（直徑4-6吋）墊於骨盆下，大約在下臀部的位置。彎曲膝蓋，腳底板平貼地面。彈力球的壓力可以讓身體器官向上提舉，釋放骨盆腔底的壓力。接著你可以舉起單腳或雙腳以強化這部位的肌群，如同瑜珈動作的快樂嬰兒式（Happy Baby Pose）（見本書第三部分，圖9.6）。在做快樂嬰兒

式時，採仰臥姿勢，屈膝並手握雙足，大腿貼向肋骨，此時腳板與天花板呈平行狀態。為了強化下腹肌和骨盆底肌群，請試著將臀部向上抬高至彈力球的高度，並重複5-10次。

當要舉起或放下一條打直的腳時，皆需要腰肌的協助。不論是鍛鍊或伸展肌肉，都要讓腰肌保持良好的彈性和靈活度。完成後，雙腳伸直平放地面，脊椎呈現自然姿勢，以放鬆髖部前側的肌肉。

b.　若要加強核心肌群的穩定性，可以改變彈力球支撐身體的位置。你可以將一顆彈力球放置在略高於臀部的位置，也就是單側薦髂關節的下方，並放置另一顆球在其對側背部的豎脊肌下方，大約離脊椎一英吋處。經由保持身體重心平衡，訓練核心肌群。保持雙膝彎曲，腳板平貼地面。

一旦骨盆肌的靈活度和穩定性增強，就可以開始鍛鍊腰肌肌力。

2.　**凱格爾運動：以婦科醫師阿諾德‧凱格爾（Arnold Kegel）的姓氏為名，這項運動可以強化骨盆底的肌群。**

方法：這個動作可以躺著、坐著或站著做。簡單地說，就是夾緊坐骨，同時規律呼吸。這個動作會舉起並刺激整個骨盆底，進而增強肌肉張力，大多用來幫助改善分娩、尿失禁和性功能。強化此區域附近肌肉能夠增強腰肌的平衡力和支撐力。當夾緊坐骨時，不要收縮大肌肉，像是臀大肌或腹肌，而要運用小肌肉來協助骨盆底肌群的鍛鍊，例如那些控制排尿流量的肌肉。

「舉起骨盆底」就像是一句暗號，通常被應用在幫助穩定核心肌群，因此只要這樣敘述，執行者就會了解到它所代表的意義。這類運動能以和諧且獨特的方式，影響骨盆底肌、腹橫肌、腰大肌和橫隔膜間的連結性。

核心肌群的鍛鍊

幾乎所有鍛鍊核心肌群的運動都會涵蓋腰肌。最重要的是要記住，因為腰肌可能會使用過度，所以必須強調其他核心肌群的鍛鍊。

1. 側彎（Level I）

方法：站立，雙腳與肩同寬。保持身體直立，並將上半身彎向左側或右側。這個動作坐著、跪著或站著都可執行，而且都能夠強化和伸展腹肌。把雙臂高舉過頭會增加這個動作的難度。

主要的作用肌：脊部伸肌、腹肌。
內部核心肌群：腰方肌、腰肌。

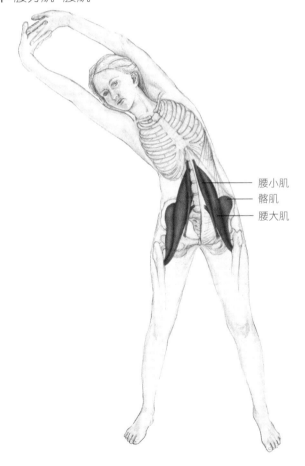

腰小肌
髂肌
腰大肌

圖2.15 側彎

2. 不完全仰臥起坐（Partial Sit-up）（Levels I–II）

方法：屈膝仰躺，腳板平貼地面。彎曲脊柱（彎曲脊柱的過程，吐氣），使上身撐起，但不需如標準仰臥起坐般，坐起時必須胸口觸膝，只要使上身與地面呈現45度角的半仰臥姿勢即可，接著吸氣重新平躺回地面。

主要的作用肌：腹直肌。
內部核心肌群：腰肌、骨盆底肌群。

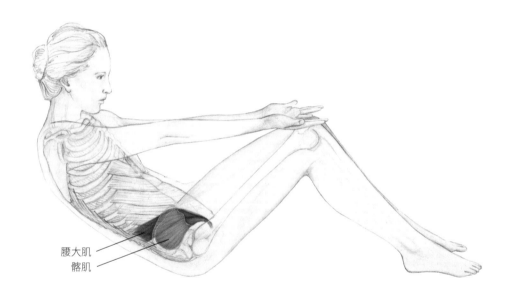

腰大肌
髂肌

圖2.16 不完全仰臥起坐

3.　風車式（Windmills）（Level I）

方法：站立，雙腳與肩同寬，雙臂平舉於身體兩側，以右手碰觸左腳踝，然後恢復直立站姿，接著換另一側。這個動作會運用到腹外斜肌（external　oblique），能鍛鍊其力度和延展性。這個動作也很溫和，因為它在扭轉身體時所產生的抗力不大，可以稍微屈膝以避免過度伸展肌肉。

主要的作用肌：內腹斜肌和外腹斜肌、脊部的迴旋肌和伸肌。
內部核心肌群：腰方肌、腰肌、橫棘肌肌群。

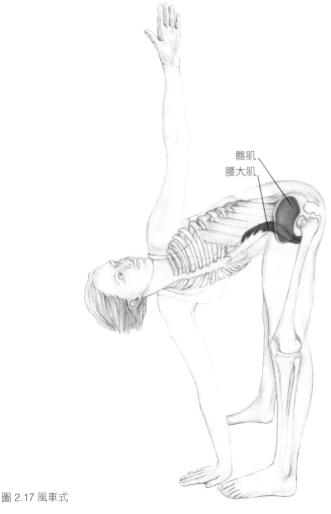

髂肌
腰大肌

圖 2.17 風車式

4. 羅馬椅式仰臥起坐（Roman Chair Rotational Crunches）

方法：這個動作對腰椎（脊椎下半部）的壓力很大，所以務必要確認腹肌的肌力夠強健，才可以做這個動作。坐在椅子上，雙腿併攏，雙足置於地面。上身呈蜷曲狀並緩緩向後躺，直到背部與地面平行。接著上身左右旋向，起身，回復原本坐姿。

主要的作用肌：腹直肌、髖部屈肌。
內部核心肌群：腰肌、骨盆底肌群。

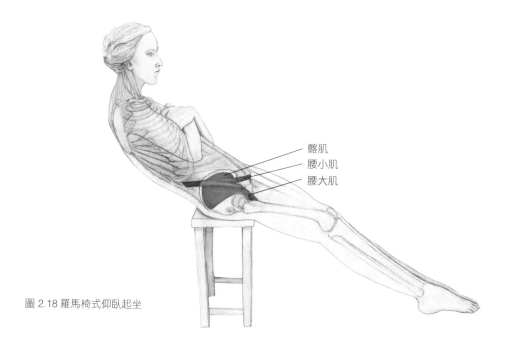

髂肌
腰小肌
腰大肌

圖 2.18 羅馬椅式仰臥起坐

5. 臀部旋轉運動（Hip rolls）

方法：仰躺，雙膝併攏朝胸彎曲，雙臂平伸於身體兩側，掌心朝下，呈T字型。將雙膝朝向一側倒下，左右交替，至少五個循環。將膝蓋倒下時，吸氣；將膝蓋拉回中心位置時，吐氣。這個動作會充分地鍛鍊到核心肌群。假如你有背痛的狀況，那麼當你把雙腳倒向身側時，就不要讓膝部完全接觸地面。

主要的作用肌：腹斜肌。
內部核心肌群：腹橫肌、腰肌。

伸展運動

由於腰肌和許多肌肉連結，並扮演多重角色，所以不容易知道何時該伸展它。最重要的原則是：如果你坐了很長一段時間，放鬆的下腰肌會呈現縮短狀態，此時你就需要伸展腰肌，拉開屈曲的髖部。下列運動將可達到這樣的效果。

1. **提胃伸展操（Rising Stomach Stretch）（Level I）：這個動作必須運用到腹肌，才不會造成下脊椎的運動傷害。**

方法：面部朝下俯臥，雙手置於靠近肩膀處。接著保持髖部平貼地面，面部向前看，雙臂打直撐起上半身。如果有背痛的狀況，不要將手臂完全打直，並時時保持肩膀在低於耳朵的高度。

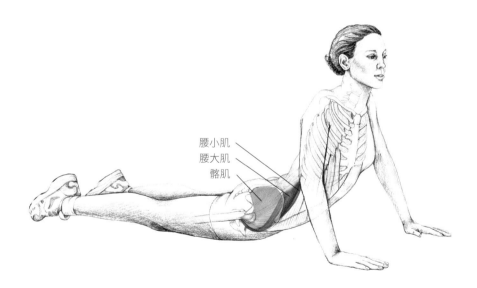

腰小肌
腰大肌
髂肌

圖 2.19 提胃伸展操

2.　半橋式（Half Bridge）（Level I）

方式：屈膝仰臥，腳板平貼地面，將髖部抬離地面；抬高的高度因人而異，以不會感到不適為原則。把身體的重量平均地分布在雙腳和肩胛骨。如果薦髂關節處有任何不適，抬起髖部時，讓雙腳保持伸直的狀態。

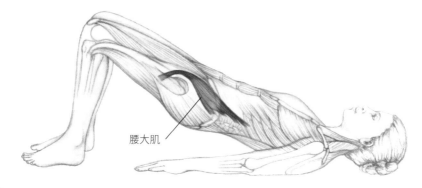

腰大肌

圖2.20 半橋式

3.　拉提腰肌（Psoas Lift）（Level I）

方法：屈膝躺於地面，雙腳與肩同寬，雙臂平伸於身體兩側作為支撐。將右腿倒向右側，左腳仍置於地面。將左側髖部抬離地面，並維持這個伸展動作一段時間。完成後，另一側也重複同樣的伸展動作。如果薦髂關節處有任何不適，抬起髖部時，讓支撐腿保持伸直的狀態。

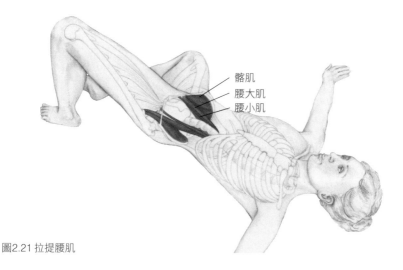

髂肌
腰大肌
腰小肌

圖2.21 拉提腰肌

4. 箭步蹲（Lunges）（Level I/II）

方法：站姿，左腳在前，右腳在後。彎曲左腳的膝關節，直至膝關節與腳趾頭位在同一條垂直線上；將右腳以滑步的方式向後伸展，如果可以，請將腿部伸展至平行於地面。保持左腳腳尖朝向前，並避免其膝蓋超過腳趾頭。抬頭挺胸，雙手可放鬆地垂放於兩側或置於左腳的大腿上。這個動作可以強化前腳髖部的屈肌，並伸展後腳髖部的屈肌。保持這個動作約三十秒後，換邊重複。

變化式：將髖部向前推，並將後腿的膝蓋置於地面，這樣可以增強腰肌的伸展。

腰大肌
髂肌

圖 2.22 箭步蹲的變化式

本書第一部分的第四章會介紹皮拉提斯（Pilates），而第三部分則會介紹瑜珈，這些運動都能夠強化或伸展腰肌和附近的肌肉群。

以下是事實或謬論？

腰肌是肌肉。
事實。它可能是最初始的骨骼肌之一。當我們談到腰肌時，必須要記住，它通常是指髂腰肌肌肉群的腰大肌。

腰肌導致背痛。
事實。這是有可能的，但還有其他的原因會造成背痛，而腰肌通常不是罪魁禍首。

腰肌不是髖部屈肌。
謬論。這個問題仍有爭議。雖然它的主要功能並非彎曲髖部，但身為髂腰肌肌肉群的一部分，腰肌可以依據活動的方式，協助髖部的屈曲。

腰肌是核心肌群的一部分。
事實。它是深層核心肌群的一部分，因為它連結腰椎的橫突，並行經骨盆前側。

腰肌是無法被觸診的。
謬論。我們是可以觸摸到它的，但這會妨礙到其他組織的運作，並且刺激「戰鬥或逃跑」的非自主性反應。

腰肌可以在三個不同的平面活動。
事實。腰肌可以小幅度地在矢狀面、額狀面和水平面進行收縮或伸展的動作，但是它主要屬於矢狀面肌肉。

腰肌可以單獨活動。
謬論。事實上，腰肌是非常難以單獨活動的，它需要協同許多其他的肌肉一起完成動作。

我們可以伸展腰肌。
事實。在髖部，任何大腿位於骨盆後方的姿勢，都可以伸展到該側的下腰肌。

腰肌的功能，活動性遠大於穩定性。
謬論。對腰椎和股骨而言，腰肌的穩定性更加重要，同時它也是這兩者的重要姿勢肌。

腰肌是唯一一條連結上半身和下半身的肌肉。事實！

3

第三章
造成下背痛的原因

下脊椎（腰部）是由神經、骨骼、肌肉、韌帶和其他組織所組成的精密結構，是身體最常被過度使用的部位。單就美國而言，下背痛已經成為佔有一定比例的一種「疾病」，與無數保險理賠、失業和傷殘案例有關，並導致每年數十億元的損失。下背痛的病程可以是急性（短時間）或是慢性，症狀輕重程度不等，輕者疼痛不適，重者甚至無法站立或活動。

腰部的解剖圖

腰椎和脊椎其他部分的功能相同：支持、活動、連結、平衡和保護，差異在於它的位置和大小。由於腰部支撐上半身的重量，所以它的脊椎骨面積較大、厚度也較厚，但這同時也會影響到它的靈活度。除此之外，腰椎是核心肌群的一部分，總共由五塊脊椎骨組成，位置大約在身體的中心處，與脊椎其他的脊椎骨相比，較大且厚，因此重量也相對較重。腰椎處有一個前凸曲線，這表示它們向前側彎曲或接近身體前側，可以平衡向後側彎曲的胸腔。椎間盤（脊椎骨間的軟骨）佔椎體厚度的三分之一，它讓脊椎能夠彎曲、伸展和側彎。不過，受脊椎後突的直線投射作用、長度短和體積大，以及關節面（脊椎骨間的關節接合面）方向的影響，腰部的旋轉弧度有限。

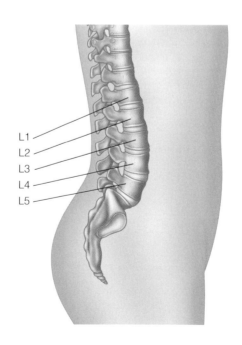

L1
L2
L3
L4
L5

如前所述，腰肌也位在腰椎的核心處，附著在側腰椎突（lateral lumbar processes）上。因此，腰肌成為主要影響下背部健康狀況和骨盆位置的肌肉之一。下脊椎和骨盆相輔相成，兩者必須互相協調，分工合作，才能正確完成動作。任何不協調都會影響到其他部位，範圍涵蓋上脊椎到雙足，甚至還會造成下顎的緊繃。基本上，全身都會受到影響，但是下背部最為明顯。

每個人下背痛的原因不盡相同，很難直接斷定。下面列出幾個比較常見的原因：

· 姿勢不良
· 肌肉強度不足（腹肌、腰肌、豎脊肌）
· 遺傳性疾病
· 意外受傷
· 椎間盤問題
· 老化
· 過重
· 神經失調

雖然所有年齡、國籍和性別都可能發生下背痛，但是最主要的族群落在三十歲到六十歲之間。許多研究都在探討為什麼下背痛會如此普遍，結果顯示，久坐不動的生活型態和間歇性的劇烈運動是造成腰部不適的罪魁禍首。

改善下背痛的腰肌和骨盆底運動

這是一套為下背痛設計的十分鐘Level I循環動作（視受傷程度而定）。所有動作皆以仰臥姿勢進行，可以每天操作。

暖身動作：屈膝仰躺，雙足平貼地面。深呼吸，運用腹橫肌用力吐氣，穩定脊椎和骨盆。

　1. 骨盆傾斜運動：緩慢地將骨盆前傾和後傾，共五次（見第21頁）。
　2. 伸展：仰躺，將膝蓋拉至胸前，維持這個動作一分鐘，深呼吸*。
　3. 伸展：雙手平伸於身體兩側，將一側腳踝置於彎曲的膝蓋上，並向左右兩側來回晃動五次。換腳，重複同樣的動作。其變化式請見第29頁。

*呼吸運動很重要，可以藉由合格教練的私人課程幫助練習。

4.脊椎骨運動：半橋式（見第40頁）。完成半橋式後，在將背脊平放於地面前，可以再額外做凱格爾運動。

5.脊部的穩定和強化：這個動作需要腰肌和髖部屈肌的配合。仰躺，並上下抬舉單側的腳（高度不要超過12英吋）五次。保持脊部和腹肌在伸展狀態，並使骨盆呈現穩定姿勢。另一側的腳也重複同樣的動作。絕對不要兩腿同時做這個動作，否則會讓下背部承受太多壓力。你也可以翻身，以俯臥的姿勢做同樣的動作，以充分鍛鍊核心肌群。

6.叉腿伸展：這個動作可以伸展薦髂關節、梨狀肌和其他下背部肌肉。仰躺，雙腿由膝部交叉（包括大腿）。緩緩地將身體翻向置於上方那隻腳的對側，並維持約十秒鐘，接著翻向另一側，同樣維持十秒鐘。換腳，重複相同的動作。

緩和動作：建設性放鬆姿勢（見第18頁至20頁）

造成背痛的原因：狀況分析

狀況一：週末運動員

多數這類的人都不想承認他們已不再像認真的運動員般，可以幾乎每天都花時間進行體能訓練。

不論是學生或是教授，現今多數人都有久坐、不運動的問題。沒時間是其中一個原因，每天生活的壓力，例如工作、養家、通勤和讀書等等，占去了許多讓我們維持身體健康的寶貴時刻。

時間管理非常重要，而因為大家缺乏對時間管理的認知，因此造就了現在有許多這類的課程和視頻產業，他們藉由給予建議和教學，幫助大眾了解如何有效率地運用時間。我們都應該反省，因為是我們讓自己的健康變成這樣。身體的健康狀態不能被長期忽略，某些傷害會在不知不覺中造成，下背痛就是其中之一。

狀況二：孩童

許多人都發現肥胖孩童有愈來愈多的趨勢，不正確的飲食習慣和久坐已經影響到孩童的健康。

在2009年，美國第一夫人蜜雪兒・歐巴馬（Michele Obama）透過「大家動起來」（Let's Move）計畫，關心孩童的肥胖問題。聯合家長、孩童、老師、領導者和醫學專家，希望透過社區的努力和國家的關注，控制肥胖的蔓延。孩童過重可能會導致

他們的下背部不適，所以在這個過程中，他們的體能活動量也需要列入考量。

狀況三：高度運動者

就活動量而言，這個族群和前述兩個族群的狀況完全相反。為了達成本書的目標，高度運動者會成為體能訓練的狂熱份子，過度鍛鍊肌肉。這類具有「A型人格」特質的族群一旦開始運動就停不下來，每天可能會花好幾個鐘頭運動，即使身體已經產生疲勞感也不會停止。這對關節和肌肉的影響很大，如果再加上沒有攝取充分的營養素，那麼它們將會承受極大的壓力。

接著，讓我們一起來讀讀以下的故事。

關於腰肌的故事：擁有六塊腹肌患者的案例分享

物理治療師，蓋瑞・馬賽拉克博士[*]

W博士是一名二十八歲的男性，他因為下背痛的問題來找我。研究顯示，每10個人當中會有超過8.5個人因為下背痛而影響到他們的日常生活能力。

對臨床者而言，要確診患者症狀的病因，永遠是個挑戰。這很像是偵探的工作：我觀察他們的一舉一動，以搜尋蛛絲馬跡，包括他們走進我辦公室的動作，我問診時他們的坐姿，抑或他們活動身體的方式等，特別是蹲下這個動作。髖部的活動性、下肢肌肉的靈活度和核心肌群的強度，是觀察時主要評估的部分。

獲得病人完整的相關病史對臨床問診極為重要。W博士在問診期間有點坐立難安，我認為他這樣的反應不單純是因為背痛。當我委婉地詢問他是否感到不適時，他說他心情非常沮喪，因為過去兩週他無法順利地完成他的「日常」事務。他看起來很精壯，所以我詢問他「運動」是不是他最近無法如常完成的事情之一。因為當一個有健身習慣的人出於某些原因必須停止運動時，他們體內的腦內啡等「讓人愉快」的化學物質含量會減少，並會使他們感到有些「焦躁不安」。

---

*蓋瑞・馬賽拉克博士是臨床主任，也是一所位在紐澤西，跨領域整合型復健機構Integrated Health Professionals的共同負責人之一。他不僅是一位領有證照的整脊師、物理治療師，還是一位合格的肌力與體能訓練員和骨科證照專家。他已經行醫超過二十三年，治療過各式各樣的骨科和運動傷害，不論是專業或青少年運動員或一般人都曾被他醫治過。他也進行全國性的演說，講述復健技巧，並在「跑者的世界」（Runner's World）和「運動畫刊」（Sports Illustrated）等專業期刊或雜誌上發表文章。

不正確的運動姿勢或過量的特定運動，常常是造成肌肉失調和後續症狀的罪魁禍首。當W博士告訴我，他一天做1,000下仰臥起坐（一天兩次，一次500下），我知道我們已經找到造成他背痛的關鍵原因。最後，檢查結果發現，他患有腰椎關節症候群（lumbar facet syndrome），這個疾病會有下背部關節擠壓和發炎的狀況。他下背部的凹弧（concave arch）呈現過度前凸。評估報告指出，他兩側的髖部屈肌都很僵硬。除此之外，我發現他下腹肌和臀大肌的肌力很弱，這不應該發生在一個每週運動五天，一天幾乎做兩小時體能鍛鍊的人身上。他告訴我過去他是如何進行體能鍛鍊，當我請他示範一下他平常是如何做仰臥起坐時，他做了基礎的捲腹（crunch）動作。

W博士的體能鍛鍊已經遠遠超過一般常規的運動量，但這仍無法明確解釋他肌肉失衡的狀況，而肌肉失衡正是導致他下背部關節反覆損傷的原因。當他在做捲腹動作時，主要是利用他的髖部屈肌來輔助他無力的腹肌。雖然如果有正確的指示、姿勢，也了解核心肌群（包括骨盆底和下腹肌—腹橫肌）的運用，就可以做捲腹運動，但我仍偏好用其他方式來鍛鍊腹肌，正確地運用前面所述的穩定肌肉群，並避免髖部屈肌和腰肌過度活動。

反向捲腹（reverse crunch）動作優於標準捲腹動作，因為它會讓執行者盡可能地將膝蓋抬舉至胸前，從而讓腰肌幫助髖部屈曲，並且不用輔助太多腹肌的工作（將膝蓋拉至胸前，並將下脊椎抬離開地面）。很顯然地，反向捲腹動作也需要適當的指導，並且在未完全掌握這個動作前，都必須有人從旁注意姿勢的正確性。

在軟組織鬆動術*後，W博士髖部的屈肌不再僵硬，並了解該如何由三個不同的平面，適當地伸展腰肌。除此之外，我也教他強化臀部、下腹部和核心肌群肌力的相關運動。

大約三至四週的時間，這些運動改善了W博士腰椎過度前凸的狀況，也舒緩了背痛。W博士本身是一名醫師，並曾經花一個多月的時間企圖治療自己的症狀，但都未見成效，因此他問我，為什麼我能這麼快就找出他的病灶。我告訴他，在對他進行問診和各種檢查後，我將從中發現的所有蛛絲馬跡串聯起來，特別是他過去的生活習慣，最終才推測出，不正確的仰臥起坐極可能是造成他下背痛的最大元兇。

---

*在物理治療師的幫助下，藉由按摩、伸展肌肉等方式，使患者僵硬的肌肉獲得改善。

肯定還有更多不同的原因會導致下背痛，但是上述所提到的這三個狀況是最普遍的。在本書中，你可以找到藉由運動和/或動作來改善下背痛的方法。

接下來的章節將更加具體地介紹和皮拉提斯有關的運動，並闡述它是如何鍛鍊腰肌和下背部肌肉（如果姿勢不正確的話，反而會造成運動傷害）。

要記得，在做任何運動時，最重要的是：

> 協調地運用肌肉，因為這是讓身體保持強健的關鍵要素。

以下是事實或謬論？

下背痛是一種疾病。
事實。它會有具體的不適感，並且造成許多人因此就醫，所以它是一種疾病。

腰椎就是下背部。
事實。腰椎由五塊脊椎骨組成，它們會形成一個自然前凸的曲線，為構成下背部的主體。

腰椎是很小的。
謬論。雖然腰椎只由五塊脊椎骨組成，但它的椎體體積和脊椎其他部位的脊椎骨相比，是最大且最重的。

腰椎可以在三個平面中活動。
事實。整條脊柱都可以向三個不同的平面活動，但是每段脊椎的活動範圍有不同程度的限制。對腰椎而言，受限於它骨性突起（bony processes）和關節接合面的構造，因此它只能做小幅度的旋轉動作。

應該刻意旋轉腰椎的關節。
謬論。因為骨頭的結構，下背部只能做極小幅度的旋轉，任何超出它正常旋轉範圍的動作，都會對下背部造成傷害。（給瑜珈老師和學生的小叮嚀：在做扭轉脊椎的動作時，請特別注意這一點！）

脊椎前凸是一種疾病。

謬論。脊柱前凸一詞是指在脊柱的一個凹弧，或前凸曲線，它對腰椎或頸椎來說是一個恰當的彎弧。如果脊柱過度前凸才會產生問題，但「脊柱前凸」這個詞本身是指脊椎的正常曲線。

腰大肌和腰椎是相連的。

事實。腰肌近端的肌腱，分別附著在腰椎的五塊脊椎骨上。

腰肌是腹肌的一種。

謬論。腰肌和腰方肌共同組成後腹壁（posterior abdominal wall），但它並非是四大腹肌之一。

腰肌是影響下背部活動的主要肌肉之一。

事實。因為它位在下背部並與腰部之關節連結，所以它的健康狀況和下背痛息息相關。

久坐會產生下背痛的問題。

事實！

4

第四章
腰肌和皮拉提斯

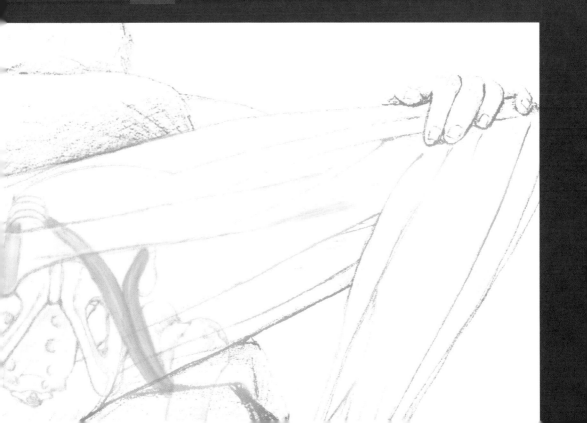

本章節將介紹皮拉提斯，它已經成為一個普遍且成功的訓練計畫。但前提是，必須要有一位專業的人士帶你入門。一位合格的皮拉提斯教練可以有效地帶領學員完成動作、告訴你如何避免運動傷害、做出正確的體位並讓你專注於肌肉的鍛鍊。這套動作和腰肌的關係密不可分，但有時候腰肌卻會被錯誤使用。教練必須正確地指導學員，告訴他們脊椎的天然曲線，不要硬壓下背部至地面。使用「強化腰力」一詞，只是幫助學員了解這個運動會運用、伸展腹肌和腰肌，但是造成它們的壓迫感並不是我們的目的。

為什麼選擇皮拉提斯？

皮拉提斯這套運動的概念構築於身體的正列性（平常的體態和運動時的姿勢）、肌肉的協調度、柔軟度和肌力的強度，不管是哪個領域，腰肌都參與其中。這個章節主要聚焦在腰肌於特定經典的皮拉提斯墊上運動中，所扮演的力學角色。

幾乎所有的皮拉提斯動作都有髖部和脊部的屈曲/伸展，腰肌會在其中產生作用。它並非唯一被運用到的肌肉，但它是不可或缺的一角。腰肌和皮拉提斯如此密不可分的原因是，它連結了上半身與下半身，這讓它和腹肌、腰方肌以及其他脊部伸肌一起扮演著中央核心肌群的角色，但是其中只有腰肌和腿部相連結。在所有的運動中，這些肌肉都必須依據身體的活動和姿勢，互相幫助、相輔相成。假如腰肌是唯一的穩定肌，它將無法獲得適當的放鬆。當骨盆週邊的肌肉都很穩固時，腰肌就可以好好地完成它「份內的工作」。

皮拉提斯是一個極佳的鍛鍊計畫，但它有一些小缺點：就生物力學的角度來說，它有許多髖部屈曲的動作，但其伸展動作卻沒有像一般人所認為的那麼多。不過，它的每個動作中都讓「肌肉長度」有不同的變化，這彌補了它這方面的不足。此外，它也有可能過度鍛鍊核心肌群。運動過度的肌肉會趨於緊繃，而核心肌群也需要休息。

在每個運動中，調整呼吸都是必要的。除此之外，了解控制心靈和肌肉的基本原則、穩固重心、充足能量、動感知覺（kinesthetic awareness）和沒有壓力地完成動作也同等重要。當一個人正確地進行皮拉提斯時，其肌肉的耐力和強度都可以有效提升。找一位了解這項運動，並且對人體構造相當清楚的皮拉提斯教練，將有助你免於運動傷害。

經典的初學者皮拉提斯墊上動作：

下列動作都會鍛鍊到腰肌。永遠記住，多數的皮拉提斯地板動作（百式除外）都要
重複做五到六次，重點是做這些動作時，必須要輕緩，且良好地控制你的身體。

1.**百式**：此動作可以小幅度地強化腰肌。由於腰肌同時身為髖部和腰椎的屈肌，
以及下背部的伸肌，所以它是完成這個動作的其中一條肌肉。當雙腿向上伸直
至與地面成90度角，骨盆保持固定不動，腰肌將幫助脊柱保持穩定。若將腿部
與地面的角度降至45度，則可同時鍛鍊髂肌。在做這個動作時，腰肌也會使腰
椎上部和腹部屈曲，當你在做以雙臂擊地一百次的動作時，腰肌能夠幫助你穩
定這個屈曲的姿勢。必須要注意的是，這個動作不應該屈曲腰椎下部，而是要
保持自然的曲線。

如果你是初學者，可以先從膝蓋彎曲的百式做起，它屬於level I的動作。之後，再循
序漸進的完成上述所介紹的level II動作（雙腿呈45度舉起）。

方法：仰躺屈膝，屈曲脊柱，雙足可置於地面或懸空（更進階的動作是雙腿向上伸
直和/或呈45度角）；保持這個姿勢，然後百式是代表你雙臂擊地的次數（雙臂伸直
置於身體兩側）。這個動作也可以強化前頸部的肌肉。

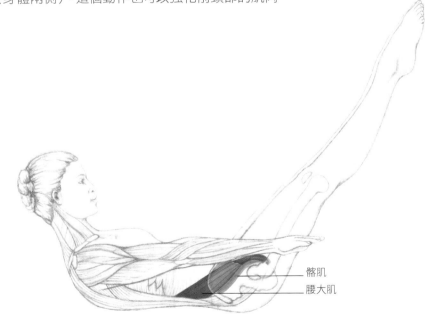

髂肌
腰大肌

圖4.1 皮拉提斯，百式，Level II

2.捲身運動（The Roll-Up）： 這是另一個可以有效鍛鍊腰肌的動作。當捲身運動讓髖部和脊椎屈曲，並將身體抬離地面時，腹肌對抗地心引力的作用就減弱，因此，腰肌便會在這個動作的後半段更加努力地收縮。

普遍來說，捲身運動是基礎皮拉提斯課程的入門動作，但筆者教導皮拉提斯多年後發現，雙臂前伸的直腿捲身運動對許多人而言，其實是一個中級的動作。所以初學者可以先從屈膝、腳跟著地，且雙手平貼於身側地面的捲身動作開始，以支持下背部和提升肌肉的意識，讓身體兩側（和腰肌！）能夠同時協調地運作。將上身由捲身回歸仰躺姿勢的過程，也同等重要。如果這個動作對你來說太過簡單，且不會對你的背部肌肉造成負擔，那麼你就可以開始改做直腿的捲身動作。圖示所呈現的是level II 動作，當腹肌、腰肌和整體肌肉的肌力都夠強時才做得到。

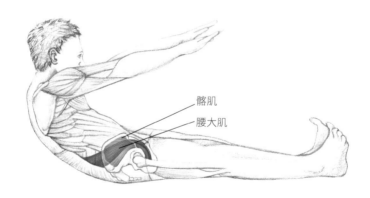

髂肌

腰大肌

圖4.2 捲身運動，Level II。當雙臂前伸時，將肩膀往後下壓。

由於腰肌在皮拉提斯中扮演極大的角色，所以它們很可能使用過度、疲勞。因此必須謹記在心的是，腰肌必須在沒有過度緊繃的情況下，才可正確地完成每個動作。

3.單腳畫圓（Single Leg Circles）：藉由地面和運用脊部伸肌、腹肌的力量，讓脊椎保持在穩定的狀態。腰肌則可以幫助維持腰椎區域的平衡。將一隻腳向上舉起，與地面呈90度角，以該腳之大腿根部為中心，將腿向下、向外和向上移動，這些動作會讓髖部肌肉內收、伸展、外展和屈曲；也可以加入旋轉動作。身為髂腰肌肌肉群的一員，腰大肌在髖部關節是一條很小的作用肌，但它可以幫助穩定脊柱。

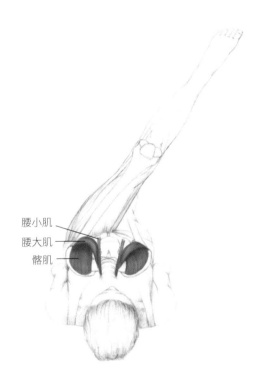

腰小肌
腰大肌
髂肌

圖 4.3 單腳畫圓

4.滾球運動（Rolling like a Ball）：這個動作的重點是，當你在地墊上仰躺抱膝蜷身，並使脊椎下段至中段來回於地墊上滾動時，必須讓髖部和脊部保持完全屈曲的姿勢。雖然這個動作趣味十足，但有些人脊骨的骨節較突出，滾動時可能會受到傷害，所以請特別當心過程中是否有任何不適。腰肌在這裡扮演穩定肌的角色，尤其是當重心轉往坐骨方向的時候。若滾動到脊椎中段時，保持平衡姿勢一段時間，可以增加腰肌的鍛鍊量。

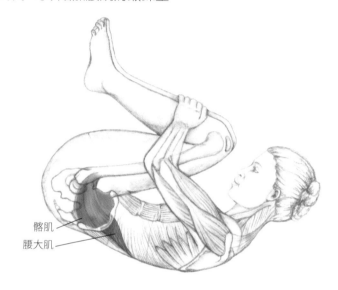

髂肌
腰大肌

圖4.4 滾球運動

接下來的五個動作（5到9）是一系列鍛鍊腹肌的運動，每個動作都要做五到八次。

5.單腳伸展（Single Leg Stretch）：在這個動作中，腰肌的功用是作為髖部和局部脊部的屈肌，但它的作用力不大，只有在換腳伸展時才會運用到它。這個動作屬於Level I運動，首重在鍛鍊核心肌群；其次才是鍛鍊髖部肌肉。

圖4.5 單腳伸展

腰大肌

6.雙腿伸展（Double Leg Stretch）：這個動作比單腳伸展的難度更高,因為它要在沒有雙手的輔助下,同時將兩隻腳向外伸離軀幹。為了維持身體的槓桿平衡,腰肌會更善盡自己連結上下半身的責任,腹肌則保持穩定。如果腹肌和腰肌的肌力不足,將很難完成這個動作。

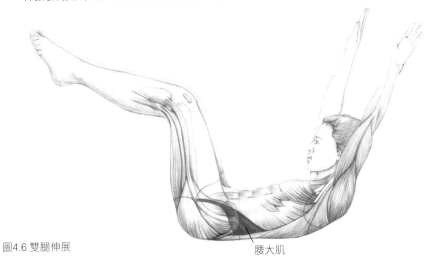

圖4.6 雙腿伸展

腰大肌

7.剪刀式（Scissors）：這個動作可以有效地伸展腳筋,而腰肌在兩腳交替時,可以小幅度地幫助髖部和脊部屈曲。若雙手僅是向前伸展,而沒有抱腿輔助,將會增加動作的難度。

圖4.7 剪刀式

腰大肌

8.抬腿平放（Leg　Lowers）：這個名字是描述它的動作。當仰躺將腿由90度的姿勢向下平放時，腰肌是腰椎的穩定肌；將雙腿重新舉起時，整個髂腰肌肌肉群和其他髖部屈肌會收縮。要對抗地心引力，同時將雙腳抬離地面是相當不容易的。為了減緩下背部肌肉的負擔，Level I 的動作可以微微屈膝，並將雙手墊在薦骨處，緩衝此處的壓力。試著保持脊椎的自然曲線。若想增強阻力，可以將頭部和雙臂也抬離地面。

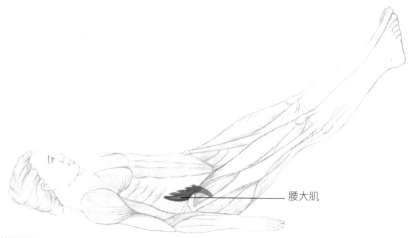

腰大肌

圖4.8 抬腿平放

9.十字交叉運動（Crisscross）：這是另一個能夠鍛鍊腰肌的運動，不過它更能鍛鍊腹斜肌。雖然腰肌在此運動中的功能不大，但它在這個運動中仍作為脊柱下部的穩定肌和髖部的屈肌。當你在做左右交替的動作時，此動作會運用到你的深層核心肌肉。雙手不要用力將頸部向前拉；輕輕將雙手放在頸部後側，並注意肘部要保持外展，不要內收。

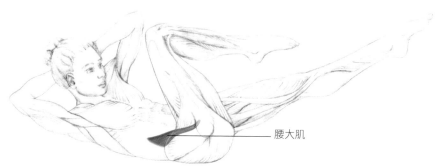

腰大肌

圖4.9 十字交叉運動

10.脊椎伸展（Spine Stretch）：在脊椎伸展中，髖部和脊椎呈現屈曲的姿勢，這會運用到腰肌。不過，在這個運動的後半段，當背部回歸於垂直姿勢時，脊椎的伸展就必須和地心引力相抗衡。在脊椎由前彎回歸垂直姿勢的過程，腰肌主要會和橫棘肌肌肉群一起支持脊柱的延伸。做這個動作時，背部靠牆將有助你了解姿勢是否正確。當脊椎伸展時，請保持肩部下沉。

腰大肌
髂肌

圖4.10 脊椎伸展

現在，你幾乎已經完成了一半的經典皮拉提斯地墊動作，但或許你會注意到在前面所介紹的動作中，腰肌並沒有特別獲得伸展。因此，筆者接下來將介紹伸展腰肌的動作。

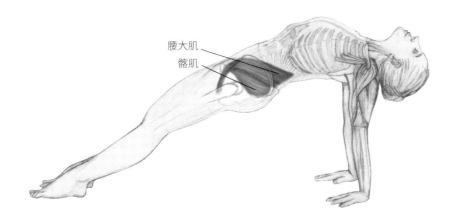

腰大肌
髂肌

圖4.11 反向棒式；後仰撐體（Purvottonasana；Upward Plank Pose）.

11.螺旋式(Corkscrew)：這個運動主要是鍛鍊腰肌，依姿勢的不同，它有時作為穩定肌，有時則扮演作用肌的角色。它對多數的人來說是一個有難度的運動，因為它必須讓頭部、脊部和骨盆在地面上保持穩定，並同時將雙腿舉起於空中畫圓。如果體能狀況允許，在畫最後一個圓的時候可以將髖部抬起，這個動作不僅會運用到腰肌，還會運用到深層骨盆肌。如果在收尾動作將骨盆抬起，將可以達到凱格爾運動（第二章）夾緊坐骨的效果。做這個動作時，不建議讓雙腿與地面的角度小於45度，而雙手墊在薦骨下方則可以減緩下背部的壓力。

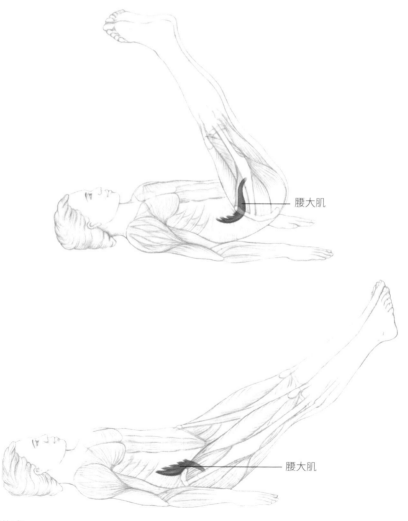

腰大肌

腰大肌

圖 4.12 螺旋式

12.鋸子式（Saw）：它和脊椎伸展類似，但是加上了脊椎旋轉的動作。腰肌主要扮演穩定肌和腰椎伸肌的角色，幫助腰椎對抗地心引力。這是皮拉提斯系統中最具特色的動作之一，在做這個動作時必須注意肢體的協調、位置和整個核心肌群的運用，而不是用手去觸碰腳趾頭。

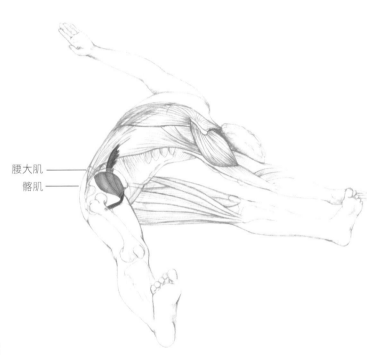

腰大肌 ————
髂肌 ————

圖4.13 鋸子式

13.**天鵝式**（Swan　Prep）：天鵝式前半段動作的重點是，俯臥保持下半身平貼地面，但將上半身抬起。這個姿勢可以拉展髖部前側的肌肉，而腰肌就位在此處。除此之外，腰肌也可以協助下脊部保持穩定。此動作後半段的姿勢是將下半身抬起，但保持上半身伏於地面。這個姿勢也同樣可以伸展位在髖部前側的腰肌，同時腰肌在此處亦具有支持腰椎的功能。

腰大肌

圖 4.14 天鵝式

14.**單腳後踢**（Single Leg Kicks）：俯臥，上半身以雙肘撐起，輪流彎曲雙膝。這個動作可以小幅度伸展位在髖部前側的腰肌。做這個動作時，核心肌肉群，特別是腹肌和上部腰肌都會支持下脊部。

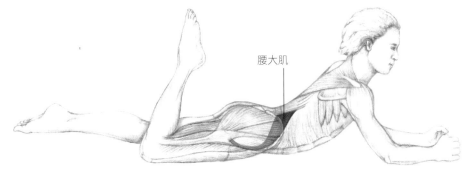

腰大肌

圖4.15 單腳後踢

15.**兒童姿勢**（Child's Pose）：在初級皮拉提斯墊上運動中，它是少數的幾個靜態姿勢之一，藉由拉展下脊部肌肉和上腰肌，達到伸展下背部的效果。它是一個放鬆姿勢。

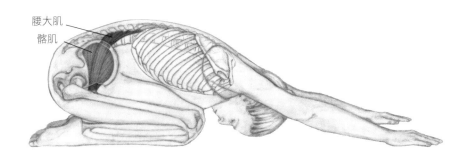

腰大肌
髂肌

圖4.16 兒童姿勢

接下來的運動中，腰大肌有助於穩定核心肌群。在任何一個側臥運動中，雙臂的位置分別為：Level I，靠近地面的手臂往水平方向上伸出，並將頭枕在手臂根部，上側手臂則置於胸部前方；Level II：抬起上半身，並如圖4.17所示，以下側前臂支撐起上身的重量；Level III則如圖4.18所示。每項側臥運動通常都需要緩慢地重複做五次腿部動作。

16.側抬腿（Side Leg Lifts）：這個運動的動作強調髖部關節的活動，而非腰肌，例如髖部的外展和內收。假如腿部要做外旋的動作，那將會讓腰肌有小幅度的伸展，其示範如下方圖示。若想增加此運動的鍛鍊效果和挑戰性，可以再加入腿部的旋轉動作。

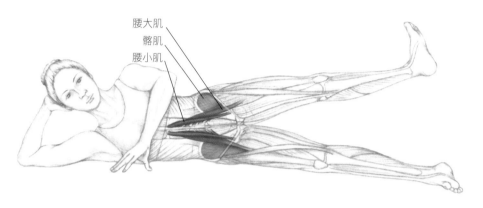

腰大肌
髂肌
腰小肌

圖 4.17 側抬腿

17.側臥踢（Side Leg Kicks）：對腰肌而言，這個動作很重要，因為當它扮演髖骨屈肌的角色時，同時還要讓軀幹保持穩定。側躺，地面較遠的那一隻腳向前踢兩次（髖部屈曲），然後將該腿向後拉展，以伸展髖部。最後一個動作也會伸展到腰肌。

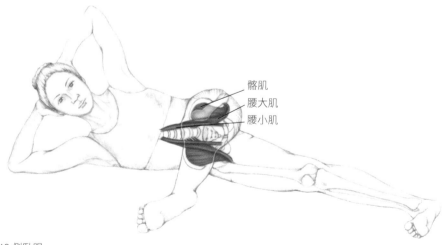

髂肌
腰大肌
腰小肌

圖4.18 側臥踢

18.側臥下腿抬舉（Bottom Leg Lifts）：由於下側腿部抬舉時要對抗地心引力，所以會使髖部內收肌強化。腰肌在脊椎伸展時，主要扮演穩定肌的角色。

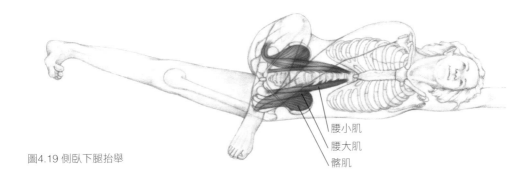

腰小肌
腰大肌
髂肌

圖4.19 側臥下腿抬舉

伸展：可以做下列兩個伸展動作，半橋式（伸展前側髖骨屈肌，例如髂腰肌）和十字交叉腿（伸展髖部旋肌、臀部肌肉、髂脛束以及脊部伸肌）。

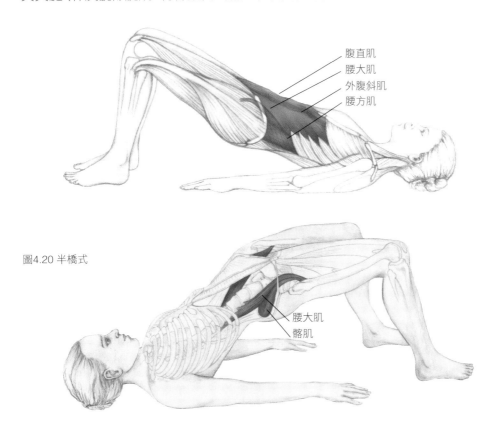

腹直肌
腰大肌
外腹斜肌
腰方肌

圖4.20 半橋式

腰大肌
髂肌

十字交叉腿（Crossed-Leg Stretch）：另一個經典伸展動作就是十字交叉腿。仰臥，將欲伸展的該側腿部之腳踝，交置於另一隻腳之膝部上方，並以雙手將大腿根部拉向胸前。

腰大肌
髂肌
薦髂關節

圖4.21 十字交叉腿

19.半懸吊式（The Half-Teaser）：對初學者而言，一般懸吊式（teaser）通常難度太高。所以在Level I中，躺在地上做這個動作時，不要同時伸展雙腿，只需將單腳抬置膝蓋的高度；另一隻腳則保持膝蓋彎曲，足部平放地面。做單腳抬舉時，動作要慢。重複做三次後，換另一隻腳。

在這個動作中，伸直腳該側的腰肌是作用肌，而在屈膝側的腰肌則扮演穩定肌的角色。

髂肌
腰大肌
腰小肌

圖 4.22半懸吊式

20.海豹式（The Seal）：呈坐姿，髖部和脊部屈曲，膝蓋向外張開，但雙腳腳跟併攏。腰肌在這個動作中扮演穩定肌的角色，而核心肌群則是這個動作中主要的作用肌。如不倒翁般，使脊柱在地面來回滾動三次，每次滾到最高點和最低點時，可以趣味性地讓雙腳腳掌互擊。（這個動作和第56頁的4.滾球運動類似，只多了髖部外旋的動作）

腰大肌

圖 4.23 海豹式

21.最終式（The End）：膝蓋微微彎曲，雙掌置於地面，以雙臂向前移動，身體呈前伏姿勢。可以加入伏地挺身。運用核心肌群，將手回撐至雙足前方；平穩地做這個動作，避免上身上下擺動。最後回歸站立姿勢。腰肌在此式中有助於穩定整個核心肌群。

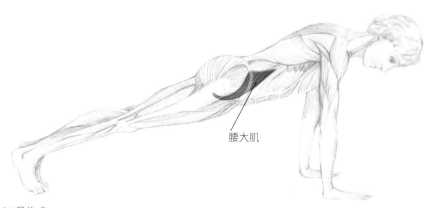

腰大肌

圖 4.24 最終式

在這裡必須再度重申，這些動作都必須正確運用核心肌群，才能讓腰肌保持在健康的狀態。若過度重複做這些動作，將會造成肌肉的失衡和疲憊。

與皮拉提斯相關的運動器材

皮拉提斯健身機

皮拉提斯的相關健身器材除了核心床（Reformer）外，還有像萬得椅（Wunda and High Chairs）、懸吊床（the Trapeze）、凱迪拉克床（the Cadillac）、階梯圓筒（the Ladder and Hump Barrels）等各式設備。當一個人要完成一整套皮拉提斯訓練時，有一名專業教練在旁指導非常重要。這套運動強度大而集中，而腰肌在其中扮演穩定肌和作用肌的角色。在上課時，要特別注意正確使用肌肉，以免腰肌過度疲勞。

其他設備

皮拉提斯環、帶、球、推桿、繩、滾筒等等皆有助於皮拉提斯的進行，因為它們的抗力可以增加鍛鍊的挑戰性。在基礎墊上課程中了解到維持身體健康的方法後，再加上其他的設備練習，可以讓每個人在做皮拉提斯時事半功倍。筆者認為，雖然皮拉提斯能有效鍛鍊身體，但並非單靠它就可以獲得健康。

例行性的皮拉提斯訓練，搭配瑜珈、健走、游泳，或甚至是輕度的重訓，將能讓身體在不受壓迫和傷害的狀況下達到平衡狀態。

第二部分：
腰肌與情緒

過去數百萬年中，隨著人類的演化，發展出情感。情緒是人類的自然反應，某些時候甚至可以保護我們免於傷害。當我們感到害怕時，就會避免讓自己的心理和生理處於危險中。但若過度恐懼，這股恐懼感就會變成破壞性的力量。這些感受深藏在我們腦中，並攸關我們的生存。它們是腦部神經系統的一部分，並與腰肌相連。

第五章
連結性──身體的記憶：
腸腦連結

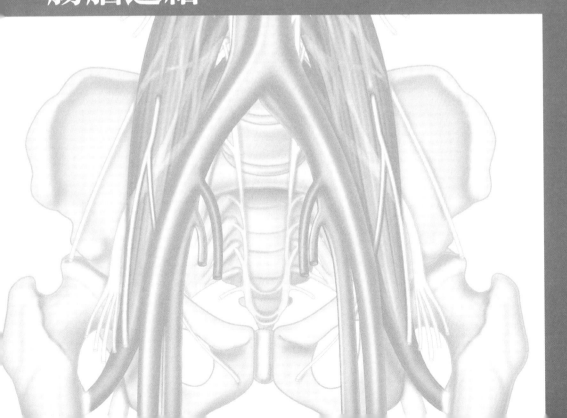

身體記憶

身心學是探討身心關係的經驗科學；而像身體記憶或身體智能這類的名詞就是指人體的智能。現在我們知道人類可以將創傷事件的相關記憶嵌入體內和腦中。身心學的實踐者相信身體的天生智能，身體的非語言溝通系統藉由統合意念、身體和感覺，產生適當的反應，是保持整體健康的關鍵。身體的療癒和「第六感」（直覺反應）有關，可以增進個人的健康狀況。它聽從身體直接的感受，而不是計畫性的想法或是語言訊息。這對現在的社會來説，不容易做到。

那麼這些和腰肌有什麼關聯呢？讓我們回頭看看第一部分，就可以了解到，位處身體深層的腰肌是如何影響中樞和周邊神經系統。創傷壓力的記憶在行為模式上占有重要角色，它會抑制腰大肌作為感知器官的能力，並會造成腰大肌的緊繃、反應遲鈍和疼痛，而這些症狀可以藉由療癒的過程得到舒緩。

「戰鬥或逃跑」反應是由交感神經系統所操控；而休息和修復的放鬆反應則是由副交感神經系統所掌管。當一個人承受過大的壓力，這套系統機制可能會受到壓抑。被壓抑的能量會轉變為身體的記憶，並且會出現一些生理上的症狀。這類壓力如果一而再，再而三地出現或是無法排解，就會使人生病。可能造成的相關情緒失常（emotional disorders）問題包括：

・創傷後精神壓力障礙
・急性壓力障礙
・成癮症
・症候群（搜尋這個關鍵字會出現一串長長的清單）
・憂鬱
・退化
・恐懼症
・恐慌發作
・焦慮症
・強迫症
・睡眠障礙
・惡夢

這些都是心理相關的疾病，需要經過評估才能區分它們是腦部功能失常或是情緒問題，但不論是哪一類原因造成，皆會影響身體運作。關於腰肌和直覺情緒反應之

間的關係，很多人寫過。我贊成這些專家的看法，而且相信：

> 如果鍛鍊一條肌肉可以改善這些問題，那麼就可以減少創傷壓力的藥物用量。

腸腦連結

身體的每個部位都是環環相扣的。「腸道」區域涵蓋了腸道神經系統，以某種程度來說，腸道神經系統的功能就是腦部和腸道的連結。當尋找憂鬱症、自閉症和其他重大疾病的解決之道時，「腸腦連結」這個名詞仍舊是研究的焦點。我們腸胃道中複雜的菌叢與健康之間的關係，仍存在著許多待解的謎團，不過許多人已經開始相信，這些微生物能夠發出信號、與其他細胞溝通，而且能夠理解並改變腸道的環境。

腸道系統接收來自副交感神經和交感神經系統的信號，它們三者皆屬於自律神經系統的一部分，控制非自主性肌肉和器官的活動。另外，體神經系統則是掌控骨骼肌。這兩套系統一起組成周邊神經複合體，讓腰肌既能夠在緊急狀態時參與「戰鬥或逃跑」的反射動作，也能夠在非緊急狀態時協助「休息和消化」的進行。

來自中樞神經系統（腦和脊髓）的神經衝動（impulses）可以被稱為情緒反應或是「感情」。這些情緒可能會使肌肉緊繃，而如同前面所說，這會影響到位處身體核心位置的腰肌。因此，當腰肌放鬆時，深埋在體內的情緒，像是恐懼、焦慮和其他負面情緒就會浮現出來。一旦它們浮現，我們就可以將其「排解」掉，讓整個核心部位的肌群能夠協調運作。

了解神經系統

人類的神經系統藉由神經元，控制了身體所有不同系統的功能。它分為兩大類：

1. **中樞神經系統（Central nervous system；CNS）**：分布於腦部和脊髓區域，讓我們能夠思考、學習、判斷和保持平衡。

2. **周邊神經系統**（Peripheral nervous system；PNS）：位在腦部和脊髓以外的區域，有助於我們完成自主性和非自主性的動作，並可將身體各感覺器官蒐集到的資訊傳送到大腦或脊髓。周邊神經系統包含：

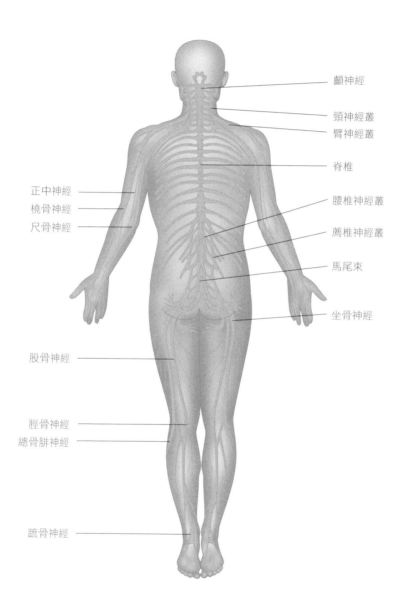

顱神經

頸神經叢
臂神經叢

脊椎

正中神經
橈骨神經
尺骨神經

腰椎神經叢

薦椎神經叢

馬尾束

坐骨神經

股骨神經

脛骨神經
總骨腓神經

蹠骨神經

圖 5.1 神經系統

a.**自律神經系統**（Autonomic nervous system；ANS）：負責調節體內臟器和腺體的運作；掌控非自主性的活動。自律神經系統由三個子系統所組成：

　i）**交威神經系統**（Sympathetic nervous system）：它啟動了大家熟知的「戰鬥或逃跑」反應。腰肌是其中的作用肌。
　ii）**副交威神經系統**（Parasympathetic nervous system）：促進「休息與消化」活動。
　iii）**腸道神經系統**（Enteric nervous system）：控制脊椎動物的腸胃系統。

b.**體神經系統**（Somatic nervous system；SNS）：將來自神經的信息帶至中樞神經系統，並將中樞神經系統的信息傳達給肌肉和感覺纖維。受自主意識控制。

培養腰肌釋放情緒的能力

試想一下，我們是否善待過我們的肌肉？不論在工作或娛樂的時候，我們都常常使肌肉筋疲力竭，這同樣也是肌力訓練的主要原則。讓我們開始用不同方式鍛鍊腰肌吧！它可能已經過度疲勞了。將腰肌放鬆有助於舒緩情緒緊繃，甚至是改善身體核心的深層創傷。

第二章和第六章的重點是學習如何放鬆腰肌。當肌肉放鬆了，它們就會進一步影響身體的其他部位和心靈。按摩以及其他溫和的物理療法和身心療法，像是巴特妮芙基礎動作（Bartenieff Fundamentals）都可以達到效果。同樣地，當一個人即將入睡時也會有這種感受。放鬆腰肌需要敞開你的心胸和感知能力，試試以下技巧。

胎兒式（Fetal Position）
1. 側躺蜷身，並且閉上雙眼。
2. 彷彿看到腰大肌位處身體的核心位置，輕盈且柔軟。當你在做這個姿勢時，肌肉會完全放鬆，不會有任何的緊繃。
3. 想像腰肌是一個有生命力且會呼吸的生物體，以非自主的方式循環液體、傳遞信息。它位在身體宇宙的深處和核心位置，並且值得被尊重和善待。

「擺動」腰肌
1. 以胎兒式或俯臥的姿勢，輕柔地擺動髖部，想像正在抱著嬰兒搖。當感到放鬆時，即可緩慢停止搖擺的動作。
2. 眼前出現肌肉連結的畫面 —— 筋膜、韌帶和神經分布 ——下至腿部，上至脊柱。

3. 按照你的步調，讓心靈接收來自核心深處，細微、平靜人心的信息。

初學者的心

1. 回憶當你還是個孩子時，你是如何看待和感受身邊的事物：好奇心、無所畏懼、真誠和無拘無束。想像一個特定的情境，可能會有助於你進行這項練習。

2. 孩子們活在當下，他們只看見和感受眼前的事物，還不會深入思考或者是明辨是非。

3. 想像這是腰肌第一次做這個練習，也許這也是你第一次做這項練習。敞開心胸去接受一個新的可能性。這可能需要花一段時間，因為我們通常難以革除舊習。肌肉也一樣，需要一些時間去改變。

「初學者的心」是喬·卡巴金博士（Dr. Jon Kabat-Zinn）所創之著名減壓技巧的一部分，他是早期身心醫學的推動者之一。卡巴金博士在馬薩諸塞州大學醫學院所開的減壓診所已經聞名全世界，他幫助數百萬的人改善了疼痛、壓力和疾病的狀況。他著有《當下，繁花盛開》（Coming to Our Senses）和《正念的感官覺醒》（Wherever You Go, There You Are）等書。

以上都是「正念」訓練的一部分：專注，不要嘗試掌控或評斷事物，並保有耐心和包容性。這必須身體力行，如果將它融入一個人的日常生活中，將可以產生巨大的影響。它能釋放情緒和痛苦，如果你感受到了，就讓它順其自然發生。有的人會選擇與合格的專業教練一起做，有的人則會自己做。無論是哪種方式，都可以達到放鬆的效果。

> 學習放鬆是一生的課題，它也是成長的一部分。

6

第六章
腰肌的反擊

肌肉緊繃和壓力有關，並且可能有害健康。這在許多狀況中都可以得到印證，例如因為不安情緒、姿勢不良和壓力所造成的上肩部和頸部不適。肩頸部的肌肉屬於身體表層的肌肉，有任何的不適感能夠很快地被注意到。但像腰肌這類較深層的肌肉，其所承受的壓力就比較不容易被發現，因此這些肌肉很容易積勞成疾。

療癒腰肌的方法

當腰肌緊繃時，會影響我們的姿勢、動作、走路、能量和情緒。不過，要直接觸診腰肌有難度，因為它與自身的其他結構緊密相連，且位在身體的深層核心位置。因此，以自然的肢體動作來放鬆和釋放腰肌壓力是很重要的。

1. **建設性放鬆姿勢 (CRP)**：每一個人都可以完成建設性放鬆姿勢，一旦學會了，在需要時，即使身邊沒有指導教練也可以獨自操作。在第一部分的第二章：「維持健康的腰肌」，可以找到此姿勢和其他相關運動的方法。
2. **身體掃描**：在一個安靜的地方躺下，四肢向外展開。閉上雙眼，開始用心靈掃視身體，感受自體每處的緊繃感。從雙足開始，慢慢地往上到每個關節和大肌肉群；當感覺到某一點的肌肉緊繃時，在該處停下掃描的動作，並將緊繃感藉由呼吸吐出。在掃視髖部時，要特別注意髖部的皺褶處（也就是腿和骨盆接合的地方），且確實地讓壓力排除。接著開始環狀的掃描薦骨，並放鬆該處。之後再一路向上掃描至核心肌群等部位，直至頭皮為止。整個放鬆的過程就是如此簡單。
3. **收縮/放鬆**：由上述姿勢開始（編號2.）。將一隻腳的腳趾頭彎曲，並一路向上收縮整條腿的肌肉，維持幾秒鐘的時間，接著放鬆。另一條腿以及骨盆、軀幹、雙臂和臉部的肌肉，也都同樣重複先收縮再放鬆的動作。最後休息，並感覺到全身獲得放鬆。
4. **攤屍式 (Savasana)**：這是一個瑜珈姿勢，作為瑜珈課程的結束動作。它是一個完全放鬆的姿勢，通常是仰躺進行。做這個動作時，不僅可以解除身體的緊繃感，同時也可以放鬆心神和情緒。呼吸的韻律可以引導人至深層放鬆的狀態，並敞開心胸，腰肌也將得到放鬆。詳細的介紹請見第三部分末段。
5. **冥想 (Meditation)**：進行冥想時，坐姿是最好的，同時保持髖部屈肌放鬆、脊椎伸展，讓能量順暢流轉。如果髖部屈肌需要伸展，也可以使用上述姿勢（編號4.）進行。

深層的壓力對腰肌影響深遠；這在下面的案例分析可以得到印證。

關於腰肌的故事：手術、恐懼和療癒

艾希莉‧露德曼（Ashley Ludman），職能治療師，瑜珈老師*

大衛猶豫地走進瑜珈教室，準備參加他的第一堂瑜珈課程。「我不確定瑜珈對我有什麼幫助，」他說。「手術對我似乎沒發揮什麼作用。我的身體現在仍然感到相當不舒服。」

大衛是一名五十歲出頭，且頗有成就的總承包商。他的朋友自從年初開始練習瑜珈後，背痛和偏頭痛的狀況都改善許多，於是建議他來參加我的個人化瑜珈治療課程。上課當天，他提早到達瑜珈教室，準備好要嘗試「瑜珈」。

當我們開始以姿勢運動（movement exercises）評估他的瑜珈程度時，大衛告訴我為什麼他會來上瑜珈課。某一天，當他彎腰撿起地上的一件物品時，這個動作成了壓垮他的最後一根稻草，他背部原本的不適感開始轉變為疼痛，而他的骨科醫師建議他進行手術來改善病況。手術幾個月之後，他完全回歸到一般的生活狀態。但大衛仍然很擔心他背部的狀況，因為他的背部還是持續隱隱作痛，嚴重影響到他的日常活動。醫生要大衛放心，因為椎間盤切除手術已經成功地解決了他腰部椎間盤突出的問題。然而，當大衛在衝浪，或是突然變換姿勢時，他的背部仍會感到疼痛不已，有時甚至無法呼吸。

當我帶著大衛做被動關節活動度運動（passive range of motion）時，我觀察他控制髖部肌肉的方式，特別是他的腰肌和臀肌。這段期間他持續跟我分享他生活的生活、家庭和自我要求。由於大衛總是能提供優質且可靠的服務，因此他擁有很好的商譽，但同時，他也必須應付龐大的工作量和背負眾多客戶的殷切期許。他告訴我，一些苛刻的客戶總會向他提出一些不合理的要求，要他想辦法達成。「做這份工作這麼多年，現在我已經對這些事習以為常。」他為他面對工作壓力的態度下了這句註解。

*艾希莉‧露德曼在北卡羅萊納州的威明頓，以及哥斯大黎加經營並指導名為海岸瑜珈（Seaside Yoga）的瑜珈教室。她從1996年開始以職能治療師為業，並身兼瑜珈治療師和瑜珈教師培訓員，精通密宗哲學和冥想。想與她連絡可以透過她的網站：www.seasideyoga.com。

在我開始教他一些簡單的瑜珈姿勢時，我們仍繼續閒聊。他提到他的肌肉非常緊繃，尤其是髖部的肌肉。在他的訓練課程中，我加入了許多弓箭步和箭步蹲的動作和姿勢，讓他的腰肌能夠獲得伸展。他學習烏加印呼吸法（ujjayi breathing）的方式，因為在做瑜珈時，呼吸的方式也必須和動作相輔相成。了解呼吸的方式對他來說是很棒的工具，可以幫助他沉澱心靈、放鬆神經系統。

大衛緩緩地試著做出所有我要他做的動作，但他的動作下隱藏著一絲恐懼，讓他無法完全放鬆地融入。我們開始談到他內心深處的恐懼，而大衛也更深入地談到他對於背部疼痛的感受。「在某個程度上，我想我是害怕變老，並且無法再做我所熱愛的事情。對我而言，受制於背痛之苦是個很大的挑戰，尤其是在工作上，因為如果我無法在工作上有好的表現，我就無法照顧我的家人。雖然醫生告訴我，現在我的椎間盤已經復原良好，但我仍感到有個東西深深卡在我的背部深處。如果我過度使用身體，就好像有什麼東西會四分五裂。」

他的內臟感覺真實地反映出了他疼痛的狀況，所以我們接著開始藉由一些活動脊部關節的動作，來伸展他腰部的肌肉，尤其是腰肌。課程進行一段時間後，我發現大衛的動作變得流暢許多。此外，他的肌肉協調力也變得更好，能夠更靈活地運用深層核心肌群。

在練習瑜珈的過程中，對他最具挑戰性的動作是由仰躺轉為坐姿。我們首先由坐姿的棒式開始慢慢練習，讓他的腰肌可以分別往腿部和脊部的方向伸展開來。一開始，他需要雙手撐地，才能由仰臥的姿勢轉為坐姿。後來我們發現，如果在腰部下方墊一塊摺疊毛巾，就能夠幫助他在沒有雙手的輔助下，順利完成仰臥起坐的動作。

然後，事情就這樣發生了。有一天，大衛突然不費吹灰之力就完成了仰臥起坐，而且脊椎沒有絲毫疼痛感。當下我倆面面相覷，接著他的眼淚打破了我們之間的寂靜。「我很抱歉，」他啜泣道，「我不知道為什麼我會流淚。」

「這是情緒的釋放，」我向他解釋。「我們的身體能夠將情緒深埋在細胞之中，很多時候就是這些情緒造成我們身體的病痛。一旦我們將內心深處的情緒釋放了，我們身體的病痛也會一併隨它而去。這對你來說，是一件好事。你現在有沒有覺得身體已經產生了一些變化？」

「現在你正意識到另一股支持你的力量。在我們眼睛所見的表象之下，你還會感受到另一股更深層的力量，它會在你失意時支持你、守護你。」那一天，當大衛走出瑜珈教室時，腳步格外輕盈。除此之外，他的臉部線條變得比較柔和，肢體動作也變得非常柔軟。這些似乎都是因為他終於釋放了他內心的情緒。

幾個月之後，當大衛已經可以從「墊上」動作轉為「非墊上」動作時，我們再次談到釋放恐懼的話題。「實際上，我明白除了學會面對恐懼感之外，我還必須學會如何控制它和釋放它。我不可能掌控每件事情，而就是這股無法掌握全局的恐懼造成了我的病痛。非常幸運的是，現在我能夠先查覺到恐懼，並且有辦法處理它。當然這股恐懼感不可能完全消失，因為它已經深深嵌入我的生活，但是現在我了解如何與它共處，並且認同我自己。」

我自己的親身經歷

喬安・史道格瓊斯（Jo Ann Staugaard-Jones）

我有三十年深入研究現代舞、皮拉提斯和瑜珈的經驗，並且從大學時期我就開始從事高山滑雪的活動，年輕時也熱愛像棒球、體操這類的運動，2010年的二月，我開始著手寫這本書。我的人生幾乎被體能活動佔滿，奉行健康和體能訓練。整個職涯中，我研究了各種鍛鍊身體的方法：巴特妮芙基礎動作、亞歷山大技巧、費爾登魁斯法（Feldenkrais）和身心靈合一法（Body Mind Centering）。最終，身為一名舞蹈和人體運動學專家，透過親身經驗，我開始提倡要有意識地預防運動傷害。我自己本身就有運動過度所造成的傷害（尤其是膝蓋），並且一直試著以自然的方式來治療。

去年夏天，我的右腳薦髂關節十分難受，並且轉變為一種慢性疼痛。因此，我透過物理治療和整脊療程來尋求改善。第一次就診時，我跟治療師說，我認為我疼痛的原因是因為薦髂關節和身體前側的疤痕組織（scar tissue）沾黏。在經過檢查後，治療師同意我的看法。而且不僅如此，我的疤痕組織還開始影響了我的其他部位—腰大肌！我的一生中動過三次腹部手術，兩次在身體右側，另一次則是剖腹產。

剖腹產的問題

剖腹產所造成的疤痕組織，與我薦髂關節的疼痛有直接的關係。每當薦髂關節發生問題，通常都會推測腰肌是罪魁禍首。想像一下手術所造成的情緒問題，以及經過一段時間之後，它對身體所造成的全面性影響。

剖腹產後的護理方式是：回家，並且開始將嬰兒從床上抱起，擁入懷中，照顧嬰兒，換尿布，以及做其他所有女人需要做的事。這些事都是在她們被切開腹部、將嬰兒自腹中取出後，所要做的。剖腹產之後，她們沒有被告知任何物理治療，除了「起身和走動」外，她們甚至也不知道要做什麼運動幫助產後恢復。多年之後，造成行動不便、姿勢不良和許多其他的併發症。而補償這一切的，就是擁有一個美好的孩子，謝天謝地。

某些造成身體傷害或健康問題的原因被稱為「切口」，它們是真的對身體產生傷害。下腹部的切口包括剖腹產、闌尾切除術（appendectomies）、剖腹式子宮切除術（abdominal hysterectomies）、腹股溝疝氣手術（inguinal hernia surgery）和腹部整形術（abdominoplasty；tummy tuck）。這些手術不僅會影響到肌肉，也會傷害到神經。雖然腹腔鏡式的手術已經降低了手術的侵入性，但是仍無法完全避免這類的傷害。

我治療疤痕組織和腰肌的方式是，花數小時的時間推拿與按壓。一開始，腰肌會極度疼痛：此時「戰鬥或逃跑」肌肉所做出的反應是戰鬥。隨著時間的推移，這股反應會逐漸消退，治療師將能夠緩緩推開僵化的組織。只有合格的治療師才能夠做這樣的推揉，不過你很難知道誰才是合格的治療師。所以我的原則是：除非你本來就很信任這個人，否則若你覺得疼痛難耐，就不要做這樣的治療。

完整的治療更具全面性，包含伸展和強化附近區域的肌肉，以及鍛鍊臀肌、腹肌、腰肌、髖部屈肌和脊部伸肌。這種治療方式很有成效，只是晚了25年才被發現。這段故事告訴我們，任何剛生產完的女人，即便是自然產，都應該要在復原的過程中做一些身體、情緒或是精神方面的復健運動。

鼠蹊部和睪丸疼痛的案例分享

物理治療師，蓋瑞·馬賽拉克博士

一名四十一歲的男性來到我的診間就診，主訴是右側睪丸持續疼痛了三至四個月。他指出，疼痛感逐漸加重，坐著時疼痛感還會加劇。若以10分來表示疼痛程度，他的疼痛感已經到達7（10分為最高）。

該名患者除了肝臟酵素（SGOT and SGPT）有輕微地上升外，其他指標都正常。我徹底檢視了他過去的病史，並為他做了詳細的檢查。體位檢查結果發現，他有一點腰椎前凸和右側髂骨稜（iliac crest）較低的狀況。腿長的測量結果顯示，他右側的腿比左側短了5/16"英吋。他的骨盆明顯傾斜，分別是左後方和右前方的髖骨。基礎評估指出，身體左側受到過度內旋（hyperpronation）的影響比較大。

軀幹的主動活動範圍（Trunk active ranges of motion）方面，除了右側髖部的伸展性較差之外，其他基本上都在正常值內。骨骼的檢查沒什麼異常，但在神經學檢查方面則發現，鼠蹊部和大腿前側腰椎第一和第二節的皮節分布（dematomal distribution）有輕微感覺遲鈍（hypoesthesia）的症狀。

觸診時，除了患者的主訴「鼠蹊部和睪丸疼痛」外，他右側腰大肌還有明顯張力過大（極度緊繃）的狀況。（腰椎過度前凸也會造成髂腰肌的緊繃。）

我用濕熱療法（moist heat application）來治療他的腰肌，同時藉由幫助他活動髖部拮抗肌（臀大肌）來放鬆他的肌筋膜，合併神經抑制劑。治療的目標是要讓殖股神經放鬆，它貫穿了腰大肌，並且掌管前側大腿上半部和鼠蹊部的知覺。而就此病例來說，此處的疼痛感是因為神經受到壓迫的緣故。我們透過各種運動伸展髂腰肌和活動臀大肌，以放鬆他的肌筋膜。該患者兩天後回診，說他已經減輕了85-90%的疼痛感。後續的兩次診療，我們預計放鬆他的腰肌和周邊的軟組織，並且評估他在家裡執行運動療程的效果。希望他不僅身體的疼痛感消失，心理上的壓力也能獲得釋放。

神經壓迫（Nerve Entrapment）

許多治療師發現神經壓迫（nerve entrapment/nerve compression）是造成疼痛的原因之一，而這類的疼痛可能不需要手術就可以治療。「神經有壓痛感」通常是用來描述腕隧道症候群（carpal tunnel syndrome）、肘隧道症候群（cubital tunnel syndrome）和坐骨神經痛（sciatica）患者的症狀，不過這個描述也適用於任何受到壓迫的神經。

造成疼痛的原因可能包括椎間盤退化、骨刺、關節炎、肌肉功能障礙、受傷、情緒創傷，進而引起腰肌等肌肉的緊繃。

腰椎管狹窄症（Lumbar Spine Stenosis）

腰椎管狹窄症會讓人痛苦萬分，它通常是由退化性關節炎或是一種稱為椎關節黏連症（spondylosis）的椎間盤疾病所引起。腰椎是由多節關節所組成，而神經會經過脊椎管（spinal canal）和脊椎骨側邊的開口（稱為椎間孔）。當脊椎管或椎間孔變窄或受到傷害，就會壓迫到神經。這些神經透過位在腰大肌後方的腰椎神經叢，支配下肢的活動能力。當神經受到壓迫時，髖部和腿部會感到不適或疼痛。

治療這類疾病的概念是，疏通造成狹窄症、腕隧道症候群，或任何造成神經傳導受到阻礙的神經通道。減緩發炎和疼痛程度的治療方式包括藥物、注射針劑或甚至是手術。依照患者症狀的嚴重程度，筆者一般都會先選擇給予他們較無侵入性的物理治療，而不會給予藥物或手術。誠如前面所述的案例分享，與手術相較之下，最有效的療法其實就是自然的身體肌肉訓練，這些訓練可以鍛鍊到腰肌。已經有研究證實，放鬆肌肉有助於改善神經壓迫的狀況。雖然我不認為放鬆肌肉會有助於減輕脊椎管狹窄症患者的症狀，但是透過飲食、身體肌肉訓練和即早發現病狀，確實是可以降低罹患此疾病和手術治療的機率。

神經系統是相當複雜的。現在請先試著了解下面這一條神經的路徑：殖股神經。這條神經

* 是腰椎神經叢上半部區域的一部分；
* 來自腰椎第一節和第二節的神經根；
* 由腰大肌前側的表面穿出；
* 分支為股神經和生殖神經；

- 傳遞位於大腿前側三角肌上半部的肌膚感覺；
- 對男性而言，它會行經鼠蹊管（inguinal canal）、睪舉肌（cremaster muscle）（包覆住睪丸的肌肉）和陰囊處的皮膚；
- 對女性而言，它最後會行經陰阜（mons　pubis）（外陰部前側）和大陰脣（labia majora）

> 腰肌甚至和性慾（sexual arousal）有關。所以說，維持它的健康有多麼重要！

還有許多其他和腰肌有關的故事能夠證明，放鬆腰肌可以達到引人注目的成效。利茲・科赫（Liz Koch），國際性的教育家和身心學的奉行者，一些很棒的腰肌鍛鍊運動就是由她所發展出來的，她的網站是www.coreawareness.com。如同她所介紹的：

> 「腰肌不是一條普通的肌肉，它能夠引領我們進入意識和心靈的深處。」

第三部分中，我們將開始從精神層面了解人體（和腰肌）的潛能。

第三部分：
腰肌與靈性 ——
「能量學」的剖析

第三部分的內容，筆者想要向大家介紹能量與體能活動和身體運作之間的關係。檢視身體能量、運動和平衡的中心，並將腰大肌視為核心力量。在這裡也會特別介紹與能量運作有關的精神脈輪系統（chakra system），尤其是最下方的三個脈輪。如果能夠正確地運用腰大肌，它就不會成為輪脈系統的阻力，反而會是一股助力。

第七章
我們知道些什麼？

科學與靈性

科學已經證明物理現實（physical reality）具有兩個層面：第一個我們已經相當熟悉（稱為五感），而另一層面則稱之為精神能量學（psychoenergetic science），受人類的意念影響。這項發現與提勒博士（William A. Tiller, PhD）有關，他是一名物理學家，並身兼史丹佛大學教授，他將人類的心靈和意念加入傳統的科學中，因為它們不僅能夠顯著地影響物質（非生命體和生命體）的特性，還可能會左右所謂的物理現實。二十世紀初，愛因斯坦的量子物理學為這個概念開啟了大門。

我們是否逐漸開始擁有涵蓋意念力量的新科學世界觀？我們都知道自己具有許多未知的能力，如果心靈的力量真的能夠將現實導往好的方向，豈不是很美妙？至目前為止，主要是透過瑜珈/冥想，抽象練習（metaphysical practices）以及能量治療（energy healing）等精神上的鍛鍊，來達到這個效果。

科學與靈性和「偉大的腰肌」有什麼關係呢？回憶一下第一部分和第二部分對腰肌連結性的介紹，已經證實腦部化學物質的分泌會影響生理、情緒健康。既然已經知道腰大肌位在太陽神經叢，這條肌肉怎麼可能還能夠與精神脈輪和人類的意念與健康脫得了關係？它不是能量的傳遞者，在放鬆狀態下，它更像是一個「賦能者」，而瑜珈會使腰肌和脈輪系統之間的關係更加緊密。

脈輪系統：萬物合一

Cakras（chakras的原始拼法）一詞起源數千年前的古印度，當時的印度正值印歐語系的亞利安民族入侵。接下數個世紀，當地文化不斷融合，即後世所熟知的吠陀時期（Vedic period）。脈輪的象徵圖示為光環，其具有歷史上的意義「引領一個新的時代」。在印度教的古老經典《吠陀經》當中，有提到脈輪這個名詞。

我們知道在梵文中，chakras這個詞本身就是指「輪」，可以當作時間之輪，同時也被認為是太陽的隱喻，因此象徵天體的平衡。早在西元前兩百年，瑜珈相關文獻，帕坦伽利的瑜珈經（Patanjali's Yoga Sutras）中就已經提到脈輪一詞，並將其視為意識的精神中心。西元七世紀，印度譚崔文化（Tantric tradition）將此能量中心視為瑜珈哲學中不可或缺的一部分。譚崔文化強調宇宙間許多力量的整合，而瑜珈可以讓人的肉體與心靈至臻完善。

1.海底輪（Root Chakra）– *Muladhara*
身體的基礎；原始需求；根本；連結；安全感
色彩：紅色；行星：土星；元素：土；感覺：嗅覺
位置：肛門上方、脊椎末端和骨盆底
掌管足部、雙腿和大腸
動物：大象；根音（root sound）：*lam*
女性的神聖力量

2.生殖輪（Sacral Chakra）– *Svadhisthana*
子宮；情感/性慾的流動；甜味；愉悅；創造力
色彩：橙色；行星：冥王星/月亮；元素：水；感覺：味覺
位置：下脊椎的前側、骨盆、薦骨、卵巢、睪丸
掌管生殖力、下背部和髖部、膀胱、腎臟
動物：鱷魚；根音：*vam*
繁衍下一代

3.太陽神經叢輪（Solar Plexus Chakra）– *Manipura*
腸道的感覺、呼吸；戰士（勇氣）；璀璨的寶石；個人的力量
色彩：黃色；行星：太陽/火星；元素：火；感覺：視覺
位置：太陽神經叢，將橫膈膜、腰肌以及環繞在脊柱周圍的器官連結在一起
掌管消化、代謝、情感和生活的各個面向
動物：公羊；根音：*ram*
影響免疫、神經和肌肉系統

4.心輪（Heart Chakra）– *Anahata*
神聖的承諾；愛；關係；熱情；歡樂
色彩：綠色/粉紅色；行星：金星；元素：空氣；感覺：觸覺
位置：上胸部、心、肺、胸腺
掌管上背部、精神、某些情緒和心胸的開闊度
動物：羚羊；根音：*yam*
蘊含宇宙的節奏

5.喉輪（Throat Chakra）– *Vishuddha*
溝通；自我表達；和諧；共鳴；恩典；夢想
顏色：天空藍；行星：水星/木星；元素：大氣；感覺：聽覺
位置：喉嚨、頸部、甲狀腺、耳朵、嘴巴
掌管聽力、聲音的力度和吸收同化
動物：白色大象；根音：*ham*
傳達內心真實的感受給世界，將生理感受提升到心靈層面

6.眉間輪（Brow Chakra）– *Ajna*
第三隻眼；意念；專注力；良心；奉獻；中性
色彩：靛藍/紫色；行星：海王星；元素：光；感覺：心智
位置：在眉心之上、腦垂體
掌管創造力、想像力、理解力和理想
動物：黑羚羊；根音：*om*
提供由神聖角度看待事物的機會

7.頂輪（Crown Chakra）– *Sahasrara*
純粹的知覺；靈性；真正的智慧；整合力；天賜之福
色彩：白色，或是紫羅蘭色/金色；行星：天王星/計都；超脫元素的境界
位置：頭部頂端、松果體、大腦皮質
掌管身體和心智的所有功能以及其它脈輪
象徵符號：千瓣蓮花
昆達利尼能量（沙柯媞）和男性的能量（濕婆）相結合，能夠超越一切萬物

人體的脈輪系統由七個基本脈輪（四肢也有其他較小的脈輪）所構成，沿著脊椎就可以找到，有時候也被稱為深藏在體內的器官。它們除了在氣脈（nadis），也就是脊柱的能量通道，交會之外，在內分泌系統和神經叢也多有交集。脈輪被稱為精神能量的中樞，和土、水、火、空氣和大氣等自然元素有關，其特性也分別和人類的各種需求有關。同時，脈輪也會影響生命能量的接收、消化、分配和轉化，因此它們又被稱為覺醒的七根。腰大肌和最下面的三個脈輪關係密切。

這裡列出七大脈輪，每一個皆附註梵文。某些關於脈輪系統的意義和影響，例如能量流（energy flow）和能場量（auric fields），已經超出這本書的範圍，這類內容可以在其他專家，如芭芭拉·布倫南（Barbara Brennan）和辛蒂·戴爾（Cyndi Dale）的著作中找到很好的解釋。

本文將著重在脈輪和身體之間的關係，特別是下脊部。當身體中的脈輪被啟動，身體的能量，尤其是腰肌所在之下半身的能量，也會被活化。

瑜珈動作的其中一個目的就是要釋放prana，這個字的意思是能量、氣息和生命力。昆達利尼就是一股沒有被開發的能量，它位在脊柱底部，有時候會以一條盤繞的蛇作為象徵。海底輪就位在此處，當作我們與大地能量相連的根本。腰肌即連結海底輪、生殖輪和太陽神經叢輪。

這七個基本的脈輪，或能量中樞，存在於「內身」（非實體），它籠罩在實體身體的外圍。現代科學已經發現，七大脈輪所在區域恰好和脊柱的七大神經節相呼應。本書第一部分和第二部分已經提過神經中樞，並且如第六章文末所述，它們會直接透過腰椎神經叢影響腰肌。在鍛鍊脈輪系統時，必須謹記，此系統為一完整的系統，因此各脈輪之間必須保持平衡、相輔相成。這個道理和實質身體的運作有異曲同工之妙。

第八章
腰肌和海底輪：
「動態平衡」

前一章文末已經指出，腰肌位於脊柱末端和骨盆底，與海底輪相連。骨盆底的骨架是由尾骨、恥骨和坐骨節結（坐骨）所構成。這些點互相連結形成一個方形的平面，而海底輪的象徵符號也有一個方形，或四瓣的蓮花。

在許多瑜珈、冥想和kriya（動作）練習中，可以發現Bandha這類的經典束縛姿勢，它最好是跟合格的瑜珈老師一起練習。這個姿勢透過能量流的重新配置，讓人體內部和外部的力量能夠融合。進行這類練習動作時，也會同時鍛鍊到身體核心力量之一的腰大肌。

瑜珈姿勢和海底輪

腰肌在這個區域可以同時作為感官受體和指揮者。透過坐姿瑜珈或是任何與足部、雙腿有關的姿勢，都可以活化海底輪。當腰肌、腰方肌和骨盆底肌肉發揮作用時，即可穩定腰椎和薦椎區域，並把骨盆導向正確的位置。

瑜珈姿勢通常要持續三個完整的呼吸或更久，這取決於該動作的指示。它也可能是由一組流暢的瑜珈動作所組成，例如拜日式（Sun Salutation）。

大多數的瑜珈動作都是數千年前創造出來，並且仍持續發展。它們幫助身體進入冥想狀態、改善神經系統、釋放脈輪能量。海底輪主要掌管關於生存、安全感和家庭的情感問題，以及改善憂鬱症、坐骨神經痛、靜脈曲張和直腸方面的健康狀況。此外，海底輪被認為可以儲存感受，像是忠誠、迷信和直覺。

想像一下開啟這個能量系統，讓人體得到療癒的可能性！我們會建立根本的健康意識、清除「體內垃圾」，同時用自然的方式照顧身體！對許多生活在工業化和科技社會的現代人而言，學習感受身體的需求，而不是單靠頭腦生活，會對人體有較多助益。

坐姿瑜珈利用大地本身的能量影響海底輪。下列姿勢將帶領你由生理世界進入精神層面。腰肌在這些動作中作為脊椎的穩定肌，並且與髖部連接的那一端幾乎都呈現放鬆狀態。若沒有正確地運用腰肌，將會阻礙體內能量的流轉。

坐姿瑜珈

I. 放鬆姿勢（Easy Pose），*Sukhasana*，Level I
（在梵語中*sukha*代表柔和、快樂或愉悅的）

方法：這是一個靜態的坐姿瑜珈，它可以有效地垂直延展脊柱，也很適合當作冥想和瑜珈課的暖身動作。盤腿坐正，脊柱拉直，肩部放鬆。

限制：雖然許多人在做這個姿勢時感到很舒服，但某些人可能會因為受制於自身膝部和髖部的問題，無法輕鬆完成這個動作。假如有這樣的狀況，可以不要盤腿，單純將雙腳置於身側，或是坐在毯子、墊子上做這個動作，利用重力讓雙腳放鬆。當髖部的位置高於膝部時，做這個姿勢的疲勞感會降低，並且能夠增加能量的流動。靠牆能夠幫助拉直脊柱，而如果無法直接坐在地上做這個動作的話，也可以在椅子上做。

II. 至善坐（Seer Pose），*Siddhasana*，Level I
（*siddha*代表至善完整的生命）

方法：它和放鬆姿勢類似，盤坐時雙足必須收在雙腿下，看不到腳趾頭。脊柱拉直，挺胸並沉肩。在任何的坐姿冥想姿勢中，都必須注意呼吸的節奏。

變化式：加入體前彎的動作，保持坐骨平貼地面，並將雙臂向前伸展。

限制：與上述的放鬆姿勢相同。但有椎間盤問題的人，不宜做變化式這類脊部屈曲的動作。

III. 蓮花式（Lotus Pose），*Padmasana*，Level II
（*padma* = 蓮花，象徵創造力）

方法：首先以放鬆姿勢（Sukhasana）坐著，接著挺直身體，將雙足盤到大腿上方。這是一個充滿力量的姿勢。

限制：如果有腳踝、膝部或髖部的問題，挺直上身時可以持續放鬆姿勢（Sukhasana），如此一來腿部的壓力就不會這麼大。最後，當身體變得更強壯、更放鬆、協調時，就可以試著完成蓮花式。先將一隻腳放在大腿上，再放另一隻腳，或者是可以在膝部或髖部下使用支撐物。聆聽身體的聲音，如果無法完成完整的蓮花式也沒關係。學著接受自己有部分動作做不到、學著尊重身體，這些都是瑜珈訓練的一部分。

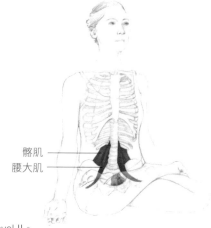

髂肌
腰大肌

圖8.1 蓮花式，*Padmasana*，Level II。

昆達利尼（梵語為「盤繞」之意）稍早有提過。許多昆達利尼瑜珈動作可以深層影響位在下方的脈輪，也就是腰肌的所在。以放鬆姿勢為例，吸氣時向前伸展脊柱，吐氣時則將脊部向後屈曲，逐漸加快兩者替換的速度，並且持續數分鐘。這個動作不僅可以強化核心肌群和脈輪，還可以提升意識。在昆達利尼瑜珈中也常使用火焰吐納法（Breath of Fire），這是一種以鼻子快速吐納方式，會運用到核心肌群。

將雙手放在肩上，手肘向外，試著在吸氣時將身體向左側扭轉，吐氣時則轉至右側，逐漸加快速度。脊柱和脈輪可以藉此獲得放鬆與釋放。這個動作充滿能量，因為它可以將我們的意識提升到一個更高的層次。

昆達利尼覺醒（Kundalini awakening）最好和專業的老師一起做。

IV. 棒式（Staff Pose），*Dandasana*，Level I
（*danda* = 棒或棍）

方法：坐在地面上，雙腳向前伸直，弓足，脊椎挺直，將掌根置於髖部兩側的地面。這個動作做起來比想像中的難。重點在於姿勢和呼吸，讓體內能量以兩個不同方向流轉：其一是由坐骨到脊椎，再向上流至頂輪；其二則是由坐骨到腿部，再流至雙足。因此鍛鍊足部時，也會刺激這個脈輪的運轉。

限制：如果你無法雙腿伸直的坐著，通常是因為腳筋太緊繃所造成，千萬不要迫使脊柱彎曲以完成動作，你可以屈膝或在膝蓋下方墊一個毯子。

V. 扭轉式（Half Sitting Twist），*Ardha Matsyendrasana*，Level I
（*ardha* = 一半；*matsyendra* = 魚主）

這是一個基礎坐姿扭轉動作，可以活化海底輪、放鬆脊柱。這個動作會運用到身體的許多肌肉，包括腿部、脊部和雙臂，被認為是由一名極有名望的瑜珈老師發展出來，並以他的名字Matsyendra命名。

方法：左腿盤坐，右腿則跨過左腿之膝蓋，足部半貼地面。伸展脊椎，並以左手扶著右膝，或用左手手肘抵住右膝，讓身體的扭轉幅度增加。右手撐地，支撐在尾椎骨的後方。這個動作中，腰肌可以幫助支撐腰椎；由於下脊部的旋轉幅度有限，且不宜過度扭轉，所以胸椎和頸椎的部分可以做出較大幅度的扭轉（見圖8.2）。

筆者曾經看過瑜珈造成的下背部傷害，認為強迫腰椎過度扭轉即為肇因之一。事

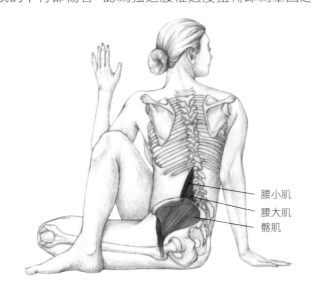

腰小肌
腰大肌
髂肌

圖8.2 扭轉式，*Ardha Matsyendrasana*，Level I

實上，瑜珈動作中不應該有任何的勉強。做瑜珈時，請先找到一位了解此道理和運動學的合格教練。

限制：髖部可能侷限這個動作，因為許多人在做這個姿勢時，兩側的坐骨無法同時平貼地面，這可能是髖部肌肉過度緊繃，或單純是每個人身體結構上的差異。試著伸展下方盤坐的那一隻腳，或上方那隻腳不要跨過下方腳的膝蓋外側，而是置於該腿內側。因為做這個動作時，肌肉會往不同的方向扭轉，所以這個動作也是一種「反向運動」（countermovement）。柔軟度對這個動作的幫助很大，所以要時常練習這個姿勢，伸展脊柱，以活化海底輪。

VI. 牛面式（Cow-Faced Pose），*Gomukhasana*，Level II
（*go* = 牛；*mukha* = 臉）

方法：坐於地面，雙膝彎曲，兩腿交叉，使兩腿的膝蓋上下交疊於身體的中線。脊柱向上伸展，雙臂則一手向上，一手向下，於背部交握。這是一個很好的地板動作。

限制：這個動作必須考量到膝蓋的狀況。如果做這個動作有任何的壓迫感，對身體組織將會有負面的影響。若有這樣的情形，可以採用其他比較輕鬆的坐姿，再搭配牛面式的手部動作。

VII. 船式（Boat Pose），*Navasana*，Level II
（*nava* = 船；*asana* = 姿勢）

方法：坐於地面，將雙膝舉至胸口的高度，並以坐骨作為身體的平衡點。先將一條腿伸直至與地面呈45度角，接著伸直另一條腿，與地面同樣呈45度。這個姿勢必須運用核心肌群來支撐身體和維持平衡，若想增加鍛鍊的強度，可以將雙臂向前延伸。做這個動作時，千萬不要彎曲下背部，腰大肌和髖部關節皆位於此處。

限制：如果腰肌的肌力不足，將很難維持這個動作。朝胸口方向屈膝時，可以將雙手支撐在地面以維持平衡，讓動作比較容易完成。在尾骨處墊一個比較厚的支撐墊可以減輕下背部所承受的壓力。正確地做這個動作，不但不會壓迫到腰椎，反而還可以伸展腰椎。

站姿瑜珈

VIII. 山式（Mountain Pose），*Tadasana*，Level I
（*tada* = 山）

方法：此為基礎站姿瑜珈動作。雙足向下站穩地面，作為支撐身體向上伸展的穩固根基。雙腳可以併攏或是與髖部同寬，依個人習慣而定。這個動作的重點是要掌握身體的協調性、中心和平衡。腰肌會幫助脊柱、骨盆和雙腿連成一線。

限制：無。

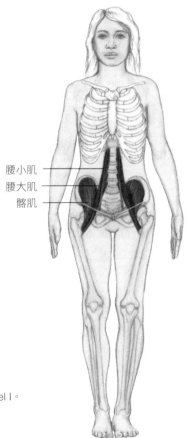

腰小肌
腰大肌
髂肌

圖8.3 山式，*Tadasana*，Level I。

IX. 勇士I式和勇士II式（Warrior I and II），*Virabhadrasana*，Level I
（*virabhadra* =勇敢的戰士）

前腳的髖部屈曲時，腰肌會收縮，因為它身為髂腰肌群的一部分，這有助於下脊部的延展，而在後腳髖部關節處的腰肌則會獲得伸展。

勇士I式的方法：採山式站姿，一隻腳向後跨一大步，保持髖部向前。將後腿的腳掌向外轉約45到60度，前腳屈膝至超過腳踝的位置，並稍微將髖部外旋。重心平均分散在雙腳，保持平衡穩定。雙手可以置於髖部，或於身體前後方向舉起，身體向上伸展。完成後，另一側重複同樣的動作。

勇士II式的方法：保持勇士I式的腿部姿勢，將髖部和雙臂側向一邊。後腳腳趾的外旋幅度可能需要更大，才可以幫助髖部的伸展。雙眼直視前方手掌，眼神充滿力量和驕傲。

限制：做這個動作時，必須放鬆身心，因為壓迫感會使呼吸和伸展受到侷限。有高血壓的人在做勇士I式時，不建議將雙臂舉超過頭部。

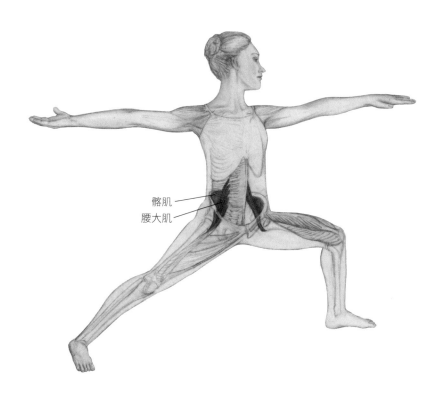

髂肌
腰大肌

圖8.4 勇士II式，*Virabhadrasana*，Level I。

X. 樹式（Tree Pose），*Vrksasana*，Level II
（*vrksa* = 樹）

方法：單腳站立，腳趾頭朝向前方，將另一隻腳的腳掌抵住大腿或小腿內側，髖部外旋。身體向上伸展，尾骨則向下沉。雙手呈現禱告的姿勢或是高舉過頭。直立那條腿的肌力會被強化，而另一隻腳的肌肉則獲得伸展。在這個動作中腰肌會輔助雙腳，使骨盆保持在身體的中心位置。

任何一種單腳平衡的動作都有助於海底輪的活化，因為這類動作中，足部和腿部與地面緊密相連，會強力運用到核心肌群。

限制：如果髖部緊繃，導致腳掌無法抬高至膝蓋，則將腳掌抵住支撐腿的小腿或地面就好，只要髖部仍保持外旋即可。若有頭昏、眩暈或平衡的問題，在做此動作時，請手扶牆面或是支撐物，並張開雙眼，全神貫注地保持身體的平衡。

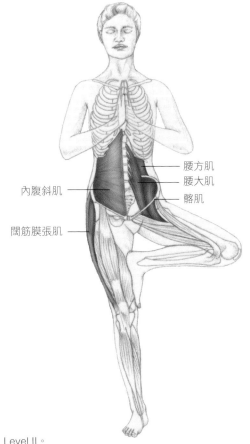

內腹斜肌

闊筋膜張肌

腰方肌
腰大肌
髂肌

圖8.5 樹式，*Vrksasana*，Level II。

上述十個姿勢可以幫助活化此區域，並增加其肌肉的強度、柔軟度以及循環，但這些動作只是活化海底輪的其中一部分，另有其動作可以練習。最後，以兒童姿勢（Child's Pose）作結，讓身體獲得良好的伸展。

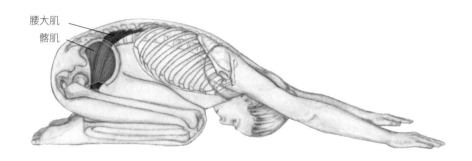

腰大肌
髂肌

圖8.6 兒童姿勢，*Balasana*，Level I。

鍛鍊海底輪的小訣竅

1. 踏步走、跺腳、跑步或是走路都可以鍛鍊海底輪。腰肌可以幫助轉移身體的重量。
2. 感覺自己源自於大地並與其相連。
3. 攝取根莖類蔬菜，像是大蒜、洋蔥、胡蘿蔔、甜菜、馬鈴薯、白蘿蔔和辣根。
4. 維持免疫系統的健康。
5. 藉由按摩刺激雙足。
6. 讓生存的本能紮根、茁壯。
7. 放鬆腰肌，讓它適時休息。

其他姿勢

馬式（Horse Pose），*Ashvasana*，Level I/II/III
（*ashva* = 馬）
（Level I：仰躺　　Level II：站姿　　Level III：單腳站立）

這組姿勢的描述多有不同，但最容易理解的説法是：雙腿呈現騎馬姿勢，不論躺著或站著都一樣。由於這個動作會使大腿收縮並外展，因此可以強化腿部肌肉；膝蓋則彎曲至超過腳指頭的位置。

Level III的馬式被稱作馬面式（Vatayanasana），女性和膝蓋受傷的人不宜做這個動作。據說它可以以「滋養」生殖神經複合體（genital nerve complex），男性得以藉此增強性功能；因此，Level III的姿勢將在生殖輪的章節中介紹。

許多資料顯示，不論是哪個等級的馬式都可以促進血液的循環、增強免疫系統，並強化肛門周邊的肌肉。

昆達利尼烏鴉式（Kundalini Crow Pose），*Bakasana*，Level I/II
Level I：雙手置於地面
Level II：禱告姿勢

這個姿勢對海底輪很好，因為重力會將尾骨向下拉，並伸展下背部。它可以放鬆腰肌，使身心和大地相連，並提供安全感。此外，它能夠增加髖部和鼠蹊部的柔軟度。但若膝蓋和腳踝有受傷，要特別注意在做蹲姿時，不要蹲得太低。或者可以採取椅式（Chair Pose, *Utkatasana*），以減輕膝蓋和腳踝所承受的壓力。

站立，雙腳與肩同寬，接著屈膝並蹲向地面，雙足可以互相平行或腳尖向外，膝蓋保持在腳尖上方的位置。這個姿勢的理想狀態是，蹲下時腳跟著地，但前提必須要阿基里斯腱的長度夠長。雙手可以置於地面保持平衡（Level I）或是呈現禱告姿勢（Level II）。在做這個動作時，也可以同時加入火焰吐納法。

以下是事實或謬論？

瑜珈是一個系統性的運動。

事實。這套運動的動作可以增進身、心、靈的健康。

瑜珈是一個宗教。

謬論。瑜珈並非以信仰為基礎，它是一種生活方式。瑜珈一詞可以解釋為「和諧」。

瑜珈動作有不同的等級。

事實。大多數人都希望自己可以完成任何動作，但是，依照個人身體狀況的差異，許多姿勢可能是有難度的。本書中所標註的等級可以作為參考，但這仍取決於每個人身體的能力。

脈輪是有根據的。

事實。筆者的研究指出，許多古代信仰皆有提到意念的能量中心，而近年來也有愈來愈多的科學研究證明物質和能量之間的關係。

肌肉和能量中心是相連的。

事實。脈輪的位置以及刻意的呼吸運動（透過肌肉，如橫膈膜和腹肌）可以證明它們之間的連結。肌肉的放鬆也可以正向影響能量，像是放鬆腰肌就可以達到這樣的效果。

這些姿勢的好處

- 坐姿瑜珈讓脊柱得以展開、伸展，並讓身體與平靜和安全感產生連結。
- 站姿瑜珈刺激身體系統、訓練身體不彎腰駝背，並改善循環、肌肉強度和關節活動力。
- 扭轉動作可以活化內臟，使頸部、肩部和下背部的柔軟度提升，並改善消化功能和清除體內毒素。
- 倒立動作能增加專注力、活化腺體、強化神經系統，並使全身充滿活力。
- 後彎動作可以開闊心胸、產生能量和勇氣、對抗憂鬱，同時促進脊部和肩部的柔軟度。
- 平衡姿勢能夠培養肌肉的張力、協調度、專注力以及強度和柔軟度。
- 俯臥和仰臥依姿勢的不同能提供身體許多好處，包括增強肌肉的強度、伸展性、活動力以及讓身體獲得休息。

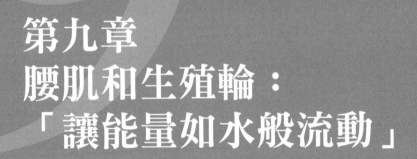

第九章
腰肌和生殖輪：
「讓能量如水般流動」

此脈輪掌管性器官和其他位在恥骨區域的器官。了解腰肌並且放鬆它，將有益於膀胱的運作，也能夠幫助改善經期和懷孕等相關問題。男性的器官也會受到腰肌的影響，因為生殖股神經源自腰椎神經叢，而此神經叢又發源於下脊部。生殖股神經分布於大腿上部內側和生殖部位。手術、創傷和疾病都可能使神經受到傷害，進而影響到整個神經系統。

在這個特別的區域，髂腹股溝神經也會從腰大肌的側緣伸出。它的分支分布於腹橫肌（transversus abdominis）、內斜肌（internal oblique muscles）、恥骨聯合（pubic symphysis）、股三角（femoral triangle），以及女性的陰唇與男性的陰莖根部和陰囊。因此，腰肌與性高潮有直接關聯！更多相關細節可以參考第六章文末。

瑜珈姿勢和生殖輪

以下介紹的姿勢將可以刺激腰肌，以及位於薦椎區域周邊的組織。做動作時，不要讓腰肌過度緊繃，因為這樣會降低能量的流轉。

這裡所說的Bandha（束縛姿勢）是指腹部收束（uddhiyana），uddhiyana 代表「向上飛翔」的意思，身體感覺輕盈。關心腰肌的健康，將其伸展，並保持在身體核心位置的兩側，可以幫助你體會到這股輕盈感受。

坐姿瑜珈

I. 鞋匠式（Cobbler Pose），*Baddha Konasana*，Level I
（*baddha* = 束縛；*kona* = 角度）

方法：以放鬆姿勢（Sukhasana）坐著，接著展開雙腿，並將膝蓋向身體兩側彎曲。雙腳的腳心相對，並以雙手握住腳踝，將腳跟拉往恥骨的方向。上身前彎的動作可以加強活化生殖輪和腰肌。
限制：髖部肌肉緊繃時，做這個動作會導致膝蓋距離地面太遠，或是脊部彎曲。坐在毯子或坐墊上能夠讓大腿肌肉放鬆，抑或是可以在膝蓋下方墊一個支撐物。如果只有單側的膝蓋離地面較遠，那就表示該側的髖部肌肉較緊繃。腰部有椎間盤突出問題的人，則不建議做上身前彎的動作。

圖9.1 鞋匠式，*Baddha Konasana*，Level I。

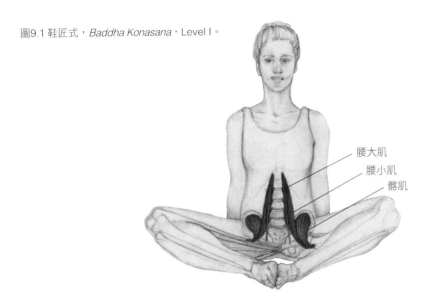

腰大肌
腰小肌
髂肌

II. 英雄式（Hero Pose），*Virasana*，Level II
臥姿英雄式（Reclined Hero Pose），*Supta Virasana*，Level II
（*vira* = 英雄、領袖）

方法：屈膝坐於地面，雙腳外展使雙足分別置於髖部兩側。身體向後傾，以手肘和前臂撐住地面。如果這樣做你不會感到任何不適，你可以將整個身體往後躺向地面。這個姿勢可以伸展下腰肌。

限制：如果正坐會讓你感到不適，你可能需要用一個支撐物或毯子墊在坐骨下方，或大腿和小腿之間的位置，將髖部墊高可以幫助你更容易完成屈膝的動作。身體向後仰臥會增加屈膝的難度，因為這樣膝蓋彎曲的角度將會很大。因此，任何有膝蓋問題的人都不建議做這個動作。

III. 坐姿脊柱扭轉式（Sitting Spinal Twist），*Bharadvajasana*，Level I
（*bharadvaja* = 古代聖人的名字）

當然，這個扭轉動作會影響到所有脈輪，但是特別能夠活絡薦椎區域的脈輪，因為當坐骨平貼地面時，這個扭轉動作能夠更深層地影響到此區域。做這個動作時，兩側腰肌被活化的程度會有所不同。

方法：坐著，雙腿彎向身體其中一側，雙膝向前，脊柱則往身體另一側延伸。雙手分別放在膝蓋上和臀部後方的地面上，以維持身體的平衡。

限制：如果這樣坐著會感到不適，可以在臀部下方墊一塊毯子舒緩。

IV. 坐角式（Seated Angle Pose），*Upavista Konasana*，Level II/III
（*upavista* = 坐著；*kona* = 角度）

Level II的方法：先呈棒式的姿勢，接著雙腿朝兩側打開，雙膝打直。維持脊椎直立將有助於改善婦科問題，在懷孕或是經期時，可以靠著牆面做這個姿勢。

Level III的方式：將脊柱向前延展，使雙手能夠握住腳尖。這個動作會運用到身體深層的梨狀肌（坐骨神經痛的元兇），並且能夠有效地伸展髖部的內收肌。脊椎延展的過程中，腰肌也得以伸展，但在臀部彎曲時會放鬆，因為此時腰肌不必再對抗地心引力。千萬不要在懷孕時做這個變化式。

限制：腳筋、脊部伸肌或是髖部內收肌（大腿內側的肌肉）太過緊繃將很難完成這個姿勢。坐在墊子上，或微微屈膝可以比較容易完成。在做向前傾身的動作時切記不要彎曲脊椎，而是要伸展它。

站姿瑜珈

V. 前彎（Forward Bends）
站姿前彎（Standing Forward Bend），*Uttanasana*，Level I
坐姿前彎（Sitting Forward Bend），*Paschimottanasana*，Level II
（*uttan* = 延伸、深度伸展；*pascha* = 身後、之後、西側）

站姿前彎的方法：先呈山式，脊柱向前屈曲，同時膝蓋微微彎曲，並讓頭頸部和脊椎在同一條直線上伸展，手掌平貼地面。動作要輕緩，當要由此前彎姿勢恢復站姿時，請以「倒帶」的方式緩緩地進行。若將腹部和胸部與大腿平貼，可以加強這個姿勢的功效，搭配呼吸則能夠進一步刺激此脈輪周邊的內臟，並放鬆腰肌。

限制：如果腰椎椎間盤有受傷，則最好盡量讓下脊部保持平坦，切勿呈現圓弧狀，如此一來就不會壓迫到椎間盤所在區域。有這類問題的人，就無法像下圖一樣前彎得這麼低。

圖9.2 站姿前彎，*Uttanasana*，Level I。

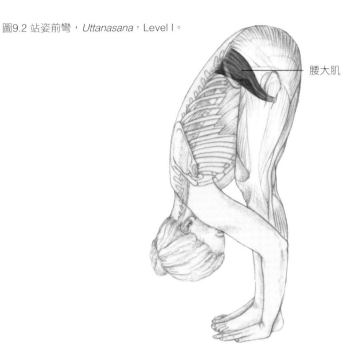

腰大肌

坐姿前彎的方法：呈棒式坐姿，並將上身向前延伸，脊柱不要彎曲，由臀部的位置將身體對摺，雙手觸碰腳尖。

圖9.3 坐姿前彎，*Paschimottanasana*，Level II。

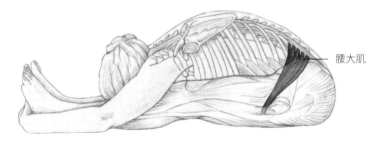

腰大肌

限制：脊部伸肌（幫助脊柱活動的背部肌肉）或腳筋太緊繃的話，做這些動作時會有所侷限。屈膝能夠放鬆附著在膝蓋上的腳筋，或是可以坐在稍有高度的墊子上進行。另外，一次只伸展一隻腳可以讓你更輕鬆地完成這個動作，就像頭碰膝前曲式（Janu Sirsasana，Head to Knee Pose）一樣。脊部彎曲的姿勢可能會惡化下背部的問題，所以不要過度彎曲或過度伸展。傾聽身體的聲音，這個動作最好以脊椎延伸的姿勢完成；也可加入拱背的動作，如圖9.3所示。

VI. **雙角式**（Standing Straddle），*Prasarita Padottanasana*，Level I/II
（*prasarita* = 展開；*pada* = 足部；*uttan* = 伸展）

Level I的方法：雙腿向兩側大步分開，雙手置於髖部上方，足尖朝向前方。將脊柱向前彎曲，保持背部平坦，接著以雙掌抵住地面，使薦椎區域伸展開來。這個姿勢有助於讓血液流至腦部。試著放鬆腰肌，地心引力會對這有所幫助。

Level II的方法：藉由將背部壓低和把肘部或頭頂置於地面，使身體獲得更進一步的伸展。

限制：腳筋或是薦椎/腰椎區域肌肉緊繃將會使這個姿勢的伸展度受限，膝蓋彎曲能輔助下背部，也能放鬆腳筋。

VII. **三角式**（Triangle），*Trikonasana*，Level I/II
（*trikona* = 三角）

這是一個經典且受歡迎的瑜珈姿勢，進行此一動作時，髖部會打開，使腰大肌得以伸展、強化並「呼吸」。

方法：呈山式，接著將雙腳向兩側分開。雙足的站姿和勇士式相同—前腳腳尖向前，後腳腳尖則向外轉約60度角。雙臂外展，雙腿打直，但不要將膝蓋鎖死。臀部向後挺，將上身與手臂朝腳尖打直的一側傾身，一手握住該側腳背，另一手則指向天花板。此時，整個身體會維持在同一個平面上。

限制：這個姿勢會運用到許多部位的肌肉，因此，若有任何肌肉緊繃的狀況將會影響動作進行。做此動作時，常會有膝蓋過度伸展的狀況，所以使前側膝蓋「微彎曲」（micro-bending）將有助於改善。微彎曲是瑜珈中的專有名詞，意指小幅度地彎身或是放鬆膝關節後方的肌肉。如果肩膀緊繃，將指向天花板的那隻手放在薦骨處，可以放鬆肩部肌肉。這個姿勢的重點在於展開髖部，伸展脊椎，並深呼吸。當你持續做這個動作一段時間，將可以得到意想不到的效果。

圖9.4 三角式，*Trikonasana*，Level I/II。

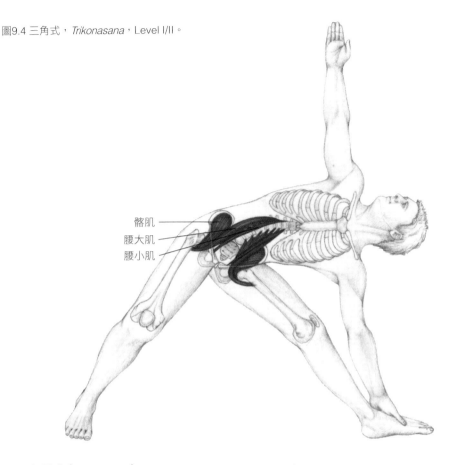

髂肌

腰大肌

腰小肌

VIII. 半月式（Half Moon），*Ardha Chandrasana*，Level II
（*ardha* = 一半；*chandra* = 月亮）

半月式為單腳站立的姿勢，能夠高度展開髖部關節，並運用腰肌保持身體的平衡。此外，這個姿勢也能夠活絡薦椎神經叢。

方法：先呈勇士I式或勇士II式。接著，上身前傾使雙手碰到地面或支撐物，並將前腳打直，後腳向後抬起。此時可將支撐腿對側的手放在髖部上或向上舉起，讓整個身體保持在同一個平面上。

限制：單腳平衡是有難度的，但卻能夠有效的鍛鍊肌肉。持續做這個動作一段時間，將可以提升支撐腿的肌肉強度和後提腿的柔軟度。你可以利用牆面支撐後側身體的重心，同時它也可以幫助你感受是否有確實完成這個動作。如果覺得支撐腿打直時，手直接放在地面上有困難的話，你可以在手下方墊一個有高度的支撐物輔助。

後彎動作

IX. **橋式**（Bridge Pose），*Setu Bandhasana*，Level I（請見第40頁和65頁的圖示）。
（*setu* = 水壩或橋梁；*bandha* = 鎖）

這個姿勢將可伸展身體前側，並活絡生殖輪和太陽神經叢輪。它是一個溫和的後彎動作，能夠展開前側髖部、腹部和心胸，髖部腰肌也會被延展開來。
方法：屈膝仰臥，雙腳與髖部同寬，足部平貼地面。當髖部向上抬離地面時，可將雙臂置於身體兩側。一旦將髖部抬升到適當的高度，雙掌可以撐於髖部下方，或是在身體下方合十。肩胛骨應該保持與地面相連；這個動作可以降低脊椎過度伸展的風險，也可以分散頭頸部的重量。要回復初始姿勢時，藉由脊部的力量緩緩將髖部放下，並深吐一口氣。
限制：髖部屈肌（髖關節前側的肌肉）和幫助膝關節活動的前側大腿四頭肌緊繃的話，將會難以完成這個伸展動作。若有這樣的狀況，必須先放鬆身體前側的肌肉。

X. **鴿子式**（Pigeon），*Eka Pada Kapotasana*，Level II
（*eka* = 一；*pada* = 足、腿；*kapota* = 鴿子）

這是另一個高度展開髖部關節的姿勢，後腳該側的腰肌將得以徹底伸展，並有助於保持脊柱在穩定的直立狀態。藉由腹式呼吸能夠刺激薦椎處的脈輪。當進行前傾伏地變化式時，梨狀肌（前面有提到它的緊繃是造成坐骨神經痛的元兇）能夠獲得良好的伸展。
方法：首先，身體呈現桌式（四肢著地）。將一腳膝蓋移至雙手之間，並將足部放於對側髖部的外側。另一隻腳向後伸展，雙手撐於地面支撐身體的重量。挺胸，並拉直脊柱，沉肩。圖9.5為上身前傾的變化式。

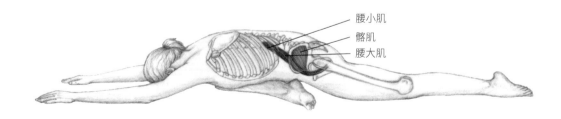

腰小肌
髂肌
腰大肌

圖 9.5 鴿子式，*Eka Pada Kapotasana*，Level II。

限制：髖部肌肉緊繃將會阻礙這個動作的進行。可以在髖部下方墊一個毯子或支撐物輔助。當脊椎向上拉直時，必須運用到核心肌群的力量。一旦做完這些姿勢，你可以用快樂嬰兒式作為放鬆動作，伸展薦部和下背部。

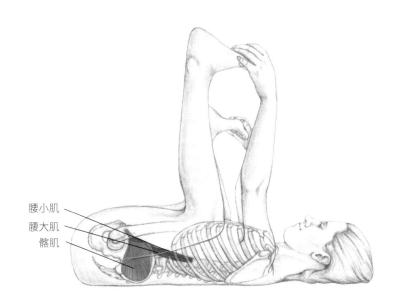

腰小肌
腰大肌
髂肌

圖9.6快樂嬰兒式，*Ananda Balasana*，Level I。

我們必須善待薦椎區域，並在此建立良好的情感和感官連結。小腸上部、胃、肝、膽囊、腎、脾臟、胰臟和腎上腺都位在此處，這個部位還涵蓋腰肌和稍早提過的其他組織。活化這塊神聖的區域將可以讓你學會如何流轉體內的能量（像水一般），並使你感到愉悅。它本身就是能量的發源地，當它健康時，身體將能夠靈活輕巧地活動。

鍛鍊生殖輪的小訣竅

1. 沉澱心緒，使能量匯聚到體內。
2. 感受它、接受它並適應它。
3. 吃具有甜味的水果，例如香瓜、柳橙和椰子；堅果和蜂蜜，以及香料，例如肉桂、香草和角豆都對它有正面的幫助。
4. 擁抱包容、親切和洞察力的陰性特質。

5.　保持創造力，並不斷接受新事物。
6.　放鬆身心。
7.　學會釋懷。

其他姿勢

貓式（Cat），*Bidalasana* / 牛式（Cow），*Bitilasana*，Level I

有時候它又稱作貓式/狗式，這一連串的動作搭配呼吸，活絡了薦椎處的核心肌群以及脊部肌肉。首先，四肢著地（桌式），脊椎呈自然弧度。當脊部提起核心肌群時，吐氣，並使尾骨和頭部下沉，讓背部呈圓弧狀。接著，在吸氣時，藉由挺胸和抬起尾骨使脊椎回歸原始曲線。以尾骨作為起點，讓這一連串動作像流水一般流暢地完成。

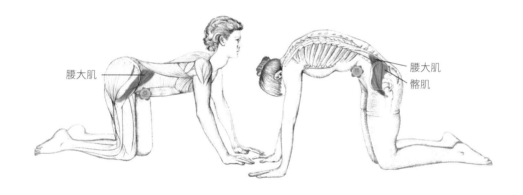

腰大肌

腰大肌
髂肌

圖 9.7 貓式，*Bidalasana* / 牛式，*Bitilasana*，Level I

新月式（Crescent），*Anjaneyasana*，Level I

這個動作的變化式，請見第41頁。它可以有效地伸展後腿的腰肌，以及放鬆鼠蹊部：先呈箭步蹲姿，後腿膝蓋跪於地面，雙手置於前腳的大腿上，或向上舉起以獲得更多的伸展。核心肌群和腰椎保持穩定。若想要增加鍛鍊的強度，可以加入側彎和/或後彎動作。

10

第十章
腰肌和太陽神經叢輪：
「呼吸與身體活動的交會」

瑜珈姿勢和太陽神經叢輪

第三個脈輪是太陽神經叢輪，位在脊椎附近，充滿肌肉（腰肌、橫膈肌）、臟器（肺、胃上部和小腸）以及靈性。太陽神經叢在生理解剖學上並不常出現，它的重要性主要是作為能量和神經中樞，和宇宙、自我意識與愛相連，並且情緒會在此與心靈產生連結。

誠如第一部分所介紹，腰肌和橫膈肌會在此接合，「呼吸與身體活動的交會」 很適合用來形容此處。這個地方充滿力量，以下的瑜珈動作將可以刺激此脈輪。

後彎動作

I. 眼鏡蛇式（Cobra Pose），*Bhujangasana*，Level I
（*bhujanga* = 蛇；*bhuja* = 手臂；*anga* = 四肢）

方法：俯臥，肘部內收，雙掌放在肩部下方的地面上。伸展雙腿，腳尖抵住地面。將肩部向後拉，用上背肌的力量抬頭挺胸，而非用雙手的力量撐起上身。髖部保持平貼地面，運用核心肌群並深呼吸，這個姿勢可以放鬆腰肌。

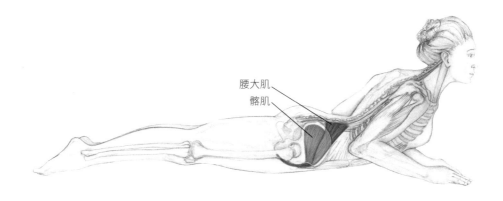

腰大肌
髂肌

圖10.1眼鏡蛇式，*Bhujangasana*，Level I。

限制：若將頭部過度向後抬起將會壓迫到頸椎，必須避免。此外，過度地挺胸則可能造成下背痛。做這個動作時，必須運用核心肌群的力量。

II. 駱駝式（Camel Pose），*Ustrasana*，Level I/II
（*ustra* = 駱駝）

這個姿勢可以有效地展開髖部，並伸展髖部前側的腰肌。

方法：曲膝跪地，雙腿微微分開，拉直脊柱，雙手放在臀部上。在不移動髖部位置的情況下，將胸椎向後彎曲。伸展頸部，但不要過度，並將胸腔和胸骨向上提，髖部不要超過膝蓋。保持身體平衡、運用核心肌群的力量，雙手轉向握住腳跟。你也可以在腳下墊墊子支撐。

限制：如果本身有膝蓋的問題，請在膝蓋下方墊一個軟墊。如果不能墊軟墊，就請改做眼鏡蛇式。千萬不要過度後弓下脊部，縮臀和拉提核心肌群可以協助完成動作。若雙手無法握住腳跟，你也可以將雙手放在身後的椅子上。

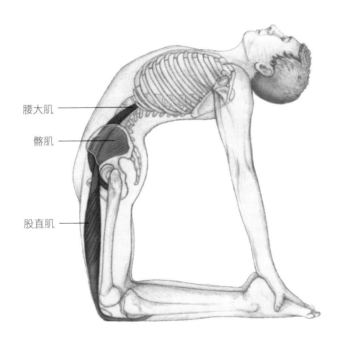

腰大肌

髂肌

股直肌

圖10.2 駱駝式，*Ustrasana*，Levels I/II。

III. 上犬式（Upward Facing Dog），*Urdhva Mukha Svanasana*，Level II
（*urdhva* = 舉起；*mukha* = 臉；*svana* = 狗）

這個動作很容易完成，但當你將膝蓋抬離地面時，難度會增加。它會有效地運用到核心肌群，並能夠伸展髖部前側和下腰肌。

方法：俯臥，呈眼鏡蛇式，雙腳稍微分開，運用核心肌群的力量將頭部、胸部和髖部抬離地面。如果核心肌群很有力量，也可以將膝蓋抬離地面。整個動作的支撐點落在腳背和打直的雙手上。挺胸，肩胛骨下沉並內收，頸部向上伸展。

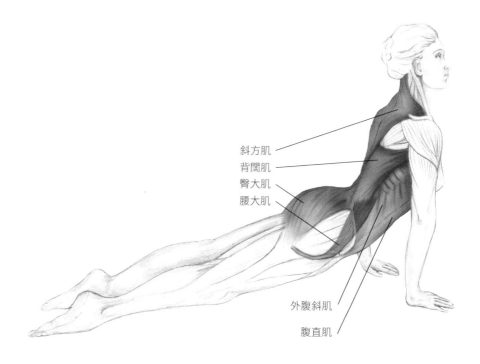

斜方肌
背闊肌
臀大肌
腰大肌

外腹斜肌
腹直肌

圖10.3 上犬式，*Urdhva Mukha Svanasana*，Level II。

限制：這個姿勢的難度在於會對雙臂、頸椎和腰椎產生壓力。直視前方、運用腰肌力量，並保持膝蓋著地，這些都有助於對抗這股壓力。你也可以屈臂，以手肘撐地，呈人面獅身式（Sphinx Pose），減輕手臂的壓力。

IV. 魚式（Fish Pose），*Matsyasana*，Level I/II/III
（*matsya* = 魚）

這個姿勢由於有後彎的動作，因此能夠活絡太陽神經叢和打開心胸。另外，它主要是可以高度伸展中段的脊椎、橫膈肌以及腹肌。

Level I/II的方法：仰臥，雙手置於薦椎和尾骨下方。前臂撐地，將胸骨向上提起，頭部緩緩向後仰。兩側的肩胛骨互相併攏（內收），這可以擴展身體前側的胸腔。做這個動作時，你可以屈膝（Level I），或是膝蓋打直（Level II）讓骨盆附近的肌肉有更多伸展的空間。身心放鬆，並和緩地呼吸。

Level III的方法：將雙臂和/或雙腳抬起。這對下背部將會是一個很大的挑戰，記得時時傾聽身體的聲音，不要受傷。

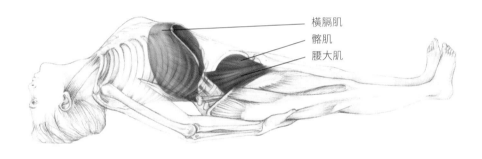

橫膈肌
髂肌
腰大肌

圖10.4 魚式，*Matsyasana*，Level II。

限制：對許多人而言，擴胸和展開喉部肌肉是很困難的，但對電腦世代而言，這個動作是很重要的，因為多數人的胸部都呈內收狀態。在胸椎和頭部下方墊一塊墊子或支撐物，有助於讓這個部位在沒有壓力的情況下放鬆並伸展。

V. 弓式（Bow Pose），*Dhanurasana*，Level II/III
（*dhanu* = 弓）

方法：俯臥，伸展身體。屈膝，如果可以的話，以雙手抓住腳踝。將頭、胸和大腿抬離地面。這個動作可以讓脊椎極度延伸，除了前側的肩膀會獲得伸展外，下腰肌和腹直肌也都能夠徹底伸展開來。

限制：肩膀前側的關節非常脆弱，因為它的伸展幅度有限。做這個動作時，將肩胛骨拉攏在一起（內收）可以減輕肩部的壓力。這個彎曲姿勢對脊椎的負擔也很大，所以要小心不要過度將頭部向後仰，雙膝分開也可以減輕脊椎的壓力。

倒立式瑜珈

VI. 下犬式（Downward Facing Dog），*Adho Mukha Svanasana*，Level I/II
（*adho* = 向下；*mukha* = 臉；*svana* = 狗）

這是瑜珈動作中最廣為人知、有效且放鬆的姿勢之一，就像狗起床時，伸展身體的樣子。當後背伸展時，脊椎會被拉成一直線。這樣聽來好像並非是放鬆，但其實它就是在放鬆肌肉。腰肌會被放鬆，而橫膈肌則會伸展開來。倒立式瑜珈不僅可以幫助血液流至腦部，它還能夠伸展腳筋和肩膀，並利用核心肌群支撐下背部。

方法：雙手和雙膝著地，呈桌式。腳趾頭抵住地面，運用核心肌群的力量將膝蓋抬起，雙臂和膝蓋打直，頭部向下沉，將背部的重量轉移至雙腳。肩部外展，頭部輕鬆垂下。腳跟往地面的方向後壓，但它們不一定要平貼地面。

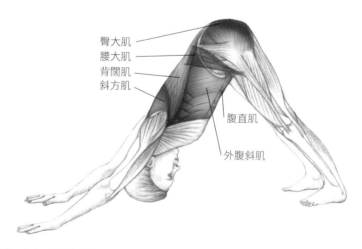

臀大肌
腰大肌
背闊肌
斜方肌
腹直肌
外腹斜肌

圖10.5 下犬式，*Adho Mukha Svanasana*，Level I/II。

限制：腳筋緊繃和肩膀力量不足會使這個姿勢的放鬆效果受到限制。向外轉動肩膀，並避免它們和耳朵間的距離太近，這些都有助於改善關節所受到的衝擊。屈膝可以減輕腳筋的緊繃感。讓頭部隨著地心引力垂下，以釋放頸部的壓力，或是將頭放在支撐物或毯子上。假如肩部緊繃，可以呈海豚式（Dolphin Pose），把手肘撐於地面。

VII. **拜日式**（Sun Salutation），*Surya Namaskar*，Level I
（*surya* = 太陽；*namaskar* = 敬禮）

這個動作會同時伸展、強化和放鬆腰肌，並能夠活絡太陽神經叢輪：

1. 呈山式。
2. 吸氣，並轉換為新月式伸展動作：雙臂高舉過頭，向天空伸展。
3. 吐氣，呈前彎姿勢。
4. 吸氣，將脊柱抬起，背部保持平坦，雙手置於小腿脛骨上。
5. 吐氣，呈前彎姿勢。
6. 吸氣，並將一隻腳向後退，呈箭步姿勢。
7. 吐氣，再將另一隻腳向後退，呈棒式（伏地挺身姿勢），把身體壓向地面。
8. 吸氣，呈眼鏡蛇式。
9. 吐氣，呈兒童姿勢。接著，休息三次完整的呼吸。
10. 吸氣，呈桌式。
11. 吐氣，呈下犬式。休息三次完整的深呼吸：海洋式（喉式）呼吸法。
12. 吸氣，以跨步或跳躍的方式將腳置於雙手之間的空間。
13. 吐氣，呈前彎姿勢，吸氣做編號四的動作，接著吐氣，回歸前彎姿。
14. 吸氣，將脊柱向上伸直，雙臂高舉空中。
15. 吐氣，呈山式（雙手合十，呈祈禱姿勢，定心，完成整套動作）。

拜日式中的所有動作都會使心靈與大地（海底輪）相連，並隨著呼吸（生殖輪和太陽神經叢輪）流轉至全身，當身體變暖且伸展開後，身體的壓力也會被釋放。

> 請記住，學習瑜珈姿勢的最佳的管道是在合法的瑜珈教室，與經過認證的專業教練一起練習。

任何強化腹部肌肉的運動都會活絡太陽神經叢輪。強化核心肌群後，也會使你充滿活力。要小心不要過度鍛鍊這個區域，脈輪間的平衡很重要，所以鍛鍊必須適度。

吃穀類、乳製品或大豆，以及草本植物，像是薄荷，將可以滋養這個區域。消化問題、飲食和代謝失調，甚至是關節炎都與此脈輪有關。建立一個健康、平衡的太陽神經叢可以幫助一個人堅守自己的意念，並無懼於面對自己所必須承擔的責任。

鍛鍊太陽神經叢輪的小訣竅

1. 深呼吸。
2. 運用腹部力量開懷大笑。
3. 行善、做義工。
4. 關心你的能量狀況。
5. 讓自己營養充足。
6. 接受挑戰。
7. 訓練核心肌群。

其他姿勢

攤屍式（Corpse Pose），*Savasana*，Level 1
（*sava* = 屍體）

這是最容易做到的姿勢，但卻最難掌握。它的挑戰在於要釋懷、讓心保持坦然。仰臥，雙腿略為分開，雙臂展開至於身體兩側，掌心朝上，雙眼輕閉，將身體和心靈的壓力徹底地釋放出來。對今日的社會而言，屈服（surrender）一詞帶有負面的意義，意指「放棄」。但對瑜珈來說，它是一種備受推崇的行為，因為這表示你打開心胸接納宇宙萬物。此為修習瑜珈者的最高境界。

一封來自朋友兼同事的書信，伊拉姆・納格維（Irum Naqvi）*：

屈服是一個最美麗的詞。它帶給我們力量、養分和療癒，同時也讓我們堅強和具備憐憫之心。

當我們打從心底明白屈服的意義和真諦時，我們就會開始改變。當我們內在的心境改變後，外在的環境也會發生變化，這可謂「境隨心轉」。

屈服有許多面向，我們可以把它分為兩個部分。一開始，我們會開始釋放意念、身體和心靈上的壓力，而專注力和呼吸韻律將可幫助壓力的釋放。隨著專注力的集中，搭配呼吸的節奏，我們可以檢視自己的生理感受、心理狀態和情緒起伏。

釋放壓力之後，更重要的事是要接受已經發生的事。當我們學會坦然，並接納生命中的每個時刻，我們就是屈服了。它讓我們不再執著在過去，而是活在當下。在不斷的實踐屈服後，我們會建立自我療癒的能力，這能使我們的身心充滿喜樂。

屈服，療癒，並常保喜樂。

*伊拉姆・納格維接觸瑜珈已經超過二十年；她是瑜珈聯盟認證的合格教練，也是一位靈氣老師。伊拉姆曾在澳洲、英國、加拿大以及哥斯大黎加等地教授過瑜珈，而目前她居住在位於哥斯大黎加的美麗瑪戈牧場（Rancho Margot），開授瑜珈課程並培訓瑜珈教師。瑪戈牧場是一個生態觀光牧場，筆者和伊拉姆計畫未來將它作為瑜珈修練的空間。

在運動、瑜珈和冥想方面，「有為數不少的錯誤訊息」（引用自昆達利尼大師的話），因為這些領域都尚在持續演進和整合。希望本書能以最真誠和簡單的方式講解說明，沒有任何偏頗。

瑜珈瑜珈姿勢讓身心相通。

呼吸使身心與潛意識相連。

冥想讓人和宇宙產生共鳴。

腰大肌連結了上下半身，並使呼吸和動作、感受、能量以及療癒之間密不可分、環環相扣。

練好你的腰大肌 活化能量系統，讓身心靈都放鬆
The Vital Psoas Muscle

作　　者 喬安・史道格瓊斯 （Jo Ann Staugaard-Jones）

譯　　者 王念慈

總 編 輯 汪若蘭

責任編輯 廖芳婕

行銷企劃 劉妍伶

封面設計 李東記

版面構成 張凱揚、陳健美

發行人 王榮文

出版發行 遠流出版事業股份有限公司

地址 104005 台北市中山區中山北路一段11號13樓

客服電話 02-2571-0297

傳真 02-2571-0197

郵撥 0189456-1

著作權顧問 蕭雄淋律師

2022年05月01日 二版一刷

YLib 遠流博識網

國家圖書館出版品預行編目資料

練好你的腰大肌：活化能量系統，讓身心靈都放鬆
/ 喬安・史道格瓊斯（Jo Ann Staugaard-Jones）著；
王念慈譯. -- 二版. -- 臺北市：遠流, 2022.05
　　面；　　公分
譯自：The vital psoas muscle : connecting physical,
emotional, and spiritual well-being
ISBN 978-957-32-9501-3（平裝）

1.腰 2.肌肉生理 3.運動訓練 4.運動健康

395.7   111003425